Gregor Wilbers

Selbstcoaching in 7 Tagen

Gregor Wilbers

Selbstcoaching in 7 Tagen

Wie Sie Ihren persönlichen Weg
zum Erfolg finden

Mit vielen Übungen

GABLER

Bibliografische Information der Deutschen Nationalbibliothek
Die Deutsche Nationalbibliothek verzeichnet diese Publikation in der
Deutschen Nationalbibliografie; detaillierte bibliografische Daten sind im Internet über
<http://dnb.d-nb.de> abrufbar.

1. Auflage 2011

Alle Rechte vorbehalten
© Gabler Verlag | Springer Fachmedien Wiesbaden GmbH 2011

Lektorat: Ulrike M. Vetter

Gabler Verlag ist eine Marke von Springer Fachmedien.
Springer Fachmedien ist Teil der Fachverlagsgruppe Springer Science+Business Media.
www.gabler.de

Umschlaggestaltung: KünkelLopka Medienentwicklung, Heidelberg
Druck und buchbinderische Verarbeitung: STRAUSS GMBH, Mörlenbach
Gedruckt auf säurefreiem und chlorfrei gebleichtem Papier
Printed in Germany

ISBN 978-3-8349-2696-8

„Die Zeit verfliegt desto schneller, je leerer sie ist.
Ein bedeutungsloses Leben saust vorbei wie ein Zug,
der am eigenen Bahnhof nicht hält."

Carlos Ruiz Zafón

„Krisen sind Momente des Lebens, sich zu wandeln.
Man braucht noch gar nicht zu wissen, was neu werden
soll, man muss nur bereit und zuversichtlich sein.

Was immer du tun kannst oder erträumst zu können,
beginne es jetzt. Kühnheit besitzt Genie, Macht und
magische Kraft. Beginne es jetzt."

Johann Wolfgang von Goethe

Vorwort

Als Führungskräfte-Coach, Meditationsbegleiter und Unternehmensberater helfe ich seit vielen Jahren Menschen, in ihrem bisherigen Beruf zufrieden zu werden oder eine neue Berufung zu finden bzw. sich selbständig zu machen.

Immer häufiger geht es dabei um Stressreduzierung und Burnout-Prophylaxe: Im Hamsterrad unseres Berufslebens glauben wir oft, durch verstandesmäßiges Denken und Handeln die Kontrolle über unser Leben behalten zu können. Genau das Gegenteil ist jedoch oft der Fall: Durch verstandesmäßiges Tun entstehen noch mehr Aufgaben, durch verstandesmäßiges Handeln entsteht noch mehr Handlungsbedarf, durch verstandesmäßiges Denken entsteht noch mehr Gedankensalat, durch verstandesmäßige Kontrolle entsteht noch mehr Kontrollbedarf. Es ist nur eine Frage der Zeit, bis uns das Leben entgleitet, bis wir krank oder leistungsunfähig werden bis hin zum Burnout.

Viele Menschen kennen aber auch die Erfahrung, dass gerade in schwierigen und unbekannten Situationen oft eine Lösung entsteht, die wir nicht selbst herbeiführen, sondern auf die wir nur vertrauen können. Man kann lernen, für diese Erfahrung eine innere Plattform zu bilden. Wir leben dann nicht mehr aus der Vergangenheit des Leistens und Ausbrennens, sondern aus der Zukunft des Erfahrens und Empfangens. Hier kann der sogenannte Flow entstehen, bei dem wir das Gefühl haben, dass alles aus uns heraus fließt und wir uns dabei zusehen, was wir gerade tun.

Folgende Fragen stellen sich oft im Coaching: Wie kann ich Karriere und inneres Gleichgewicht zusammenbringen? Wie kann ich in Verantwortung für andere meinen eigenen Weg gehen? Wie kann ich in Einfachheit, innerer Ruhe und Besonnenheit mich und andere führen? Wie kann ich mich auf das Wesentliche konzentrieren?

Wie können wir uns selbst coachen, wenn wir den Eindruck haben, äußerlich ließe sich nur schwer etwas ändern oder gar nichts – oder wenn uns Veränderung sehr schwerfällt? In diesem Buch habe ich die aus meiner Sicht wichtigsten Eckpunkte aus zahlreichen Coachings zusammenzutragen, um Antworten auf die Fragen zu geben: Welche Einsichten helfen mir, meinen Weg zu finden? Wie kann ich mir selbst helfen?

Die überraschende Antwort lautet: Es findet in uns den Weg, wenn wir es nur lassen! Dabei geht es weder um Passivität noch um Aktivität, sondern vielmehr um Präsenz, die ungeteilten Aufmerksamkeit des Augenblicks. Nicht nur die Arbeit an sich, sondern schon die Art, wie wir arbeiten, kann in eine sinnvolle Richtung führen.

Das heißt, jede Veränderung kann sofort beginnen, in diesem Augenblick – ohne dass wir eine Ahnung von einer Lösung haben müssen. Einzige Voraussetzung dafür ist, ganz da zu sein, wo wir sind – auch wenn es uns nicht passt, auch wenn wir glauben, am falschen Ort zur falschen Zeit zu sein. Hier beginnt echte Veränderung von sich aus, die sich nicht allein von äußeren Realitäten abhängig macht.

Gregor Wilbers

Inhaltsverzeichnis

Gefährliche Gedanken zum Berufsleben – In diesem Kapitel ist ein Virus versteckt

Ein Klient, der bereits in mehreren Unternehmen Vorstandsmitglied war, wird einfach outgesourct. Sein Problem: Er wollte zeitlebens gut sein und seine Pflicht erfüllen. Unnötig zu sagen, dass er unter Burnout litt und sich von seinen Freunden und sogar von seiner Familie entfremdet hatte bis hin zum geordneten Rückzug. Sogar als absehbar war, dass wirklich alles zusammenbricht, hat er noch an seinem Lebenskonzept der Leistung festgehalten und sich in seinem Fall in ein Franchise-Unternehmen verstrickt, das viel Geld kostet und wohl den Sinn hat, höchst qualifizierte und begüterte Arbeitslose abzukassieren.

Einfach nur Geld zu verdienen und Dinge zu tun, hinter denen man nicht steht, in Strukturen zu arbeiten, die längst überholt sind, und Anweisungen auszuführen oder zu geben, die einem nicht entsprechen, oder Angst vor Kündigung oder einem Karriereknick zu haben, ist nur oberflächlich das Problem.

Tiefer berührt viele Menschen, dass sie sich intuitiv anders verhalten, sich nicht mehr vom Arbeitsdruck abhängig machen möchten und in eigener Verantwortung ihre Arbeits- und Lebenszeit gestalten wollen.

Eine andersartige Lebens- und Karriereeinstellung setzt aber voraus, dass wir ganz bei uns sind, dass wir aufhören, Lösungen außerhalb von uns zu suchen, weil sie schon in uns sind. Es geht darum, sie zu entdecken, aber vor allem um ihre tägliche Umsetzung im Alltag.

Viele Menschen wollen ihre inneren Werte auch praktisch leben und Intuition und Verstand verbinden. Wie kann ich Karriere, ethische und persönliche Verantwortung, eigene Visionen, meine innere Haltung und betriebswirtschaftliche Notwendigkeiten miteinander verbinden? Wie kann ich das Leben leben, das ich mir wünsche? Wie passen Träume und Realität zusammen?

Die Übungen in diesem Buch sind so aufgebaut, dass Sie liebe Leserin, lieber Leser, auf bestimmte Punkte aufmerksam gemacht werden, mit denen Sie für sich und im Buch weiterarbeiten können. Ich erlebe täglich, dass jeder von uns „innere Führung entdecken" (mein Arbeitsmotto seit vielen Jahren) kann, unabhängig von seiner sonstigen persönlichen Einstellung zum Leben. Der Begriff „Innere Führung" wird uns in diesem Buch noch häufiger begegnen und sich nach und nach mit Inhalt füllen. Gemeint ist das innere Navigationsgerät („Erfahren statt suchen") in uns: Wir finden zum Bewusstsein unserer selbst, wo wir nicht rentabel sind, sondern wahre Effektivität aus innerer Kraft entspringt, wo wir uns nicht durchsetzen, sondern mit Besonnenheit handeln, wo wir dem Erfolg nicht hinterherlaufen, sondern uns wahrer Erfolg begegnet.

Ein Verbindungselement ist die Meditation, die uns zu neuen Einsichten verhilft: Logisches Denken und intuitives Wissen gehören zusammen.

Dabei geht es nicht um logisches Verstehen und wasserfeste Begründungen, sondern um das Ausprobieren und „An-sich-selbst-Erfahren". Das Einzige, was erforderlich ist, ist also Offenheit: die Offenheit eines Kindes, das alles zu erfahren bereit ist und in seinem Erleben noch nicht eingeengt ist.

Es geht auch darum, etwas Neues zu wagen, sein Leben vielleicht anders zu ordnen und Altes loszulassen.

Jeder kann sein Leben ganz und gar als sinnvoll erfahren, ohne alles wissen und tun zu müssen. Ich kann bewusst und achtsam den Tag erleben und erfahre Mut, innere Einfachheit und Besonnenheit. Bodenständigkeit und innere Leichtigkeit passen auf einmal zusammen.

> *„Das Glück schenkt sich dem, der seine Lebensangst*
> *besiegt hat und der sein Leben als einen heiligen*
> *Funken in der großen Kontinuität der Zeitalter betrachtet."*

Drukpa Ringpoche

Ich werde noch verrückt in meinem Job!

Eine Klientin, Marketingexpertin mit bis zu 70 Wochenstunden Arbeitszeit, saß mit Panikattacken zu Hause und musste sich am nächsten Arbeitstag anhören, dass sie sich nicht so anstellen solle, es gäbe genug Kollegen, die mehr leisten würden.

Werden Sie heute nicht mit immer mehr Anforderungen konfrontiert? Die meisten von uns sollen erfolgsorientiert, kreativ, rentabel und motiviert arbeiten, aber dabei extrem belastbar und durchsetzungsfähig sein.

Wie kann ich ein Unternehmen bzw. meinen Teilbereich gut führen, vielleicht sogar gleichzeitig Mitarbeiter motivieren und an das Unternehmen binden? Wie kann ich mir und anderen eine Autorität sein, ohne mich zu verbiegen?

Viele können und wollen sich nicht noch mehr bemühen und absichern, neue Strategien entwickeln und noch kompetenter werden.

Aber vielleicht gibt es einen anderen Weg? Fragen Sie sich einmal: Bin ich selbst von dem überzeugt, was ich tue? Andernfalls lande ich irgendwann in der Anstrengungs- oder Kompetenzfalle und kann mich oder andere nicht motivieren. Ich kann nur dann meinen Arbeitsplatz ausfüllen, wenn ich mich weit überdurchschnittlich engagiere oder wenn ich überdurchschnittlich gut bin. In beiden Fällen laufe ich Gefahr auszubrennen, wenn ich nicht das tue, was ich als sinnvoll erachte. Es ist wichtig, aus innerer Kraft statt äußerer Anstrengung heraus zu leben. Im Inneren wächst wirkliche Kraft heran, die auf andere ausstrahlt, ohne sich selbst zu verbrauchen. An dieser Stelle lebe ich meine ganze Persönlichkeit, und an dieser Stelle wirke ich auf andere.

Wollen wir ängstlich unsere vermeintliche Pflicht erfüllen oder als verantwortliche Menschen Intuition und Vertrauen als Grundmaxime unseres Handelns annehmen? Unser Leben ist nicht durch das Übertreffen anderer erfolgreich, sondern durch die furchtlose Entdeckung des eigenen Weges.

Weiß ich selbst, wofür ich stehe? Was sind die Werte in meinem Leben? Was halte ich für richtig? Welche Vision habe ich? Woran glaube ich im Leben? Worauf vertraue ich?

Wie kann ich Karriere und inneres Gleichgewicht zusammenbringen? Wie kann ich in Einfachheit, innerer Ruhe und Besonnenheit meine Mitarbeiter und mich führen?

Wie kann ich mich auf das Wesentliche konzentrieren?

Diese und weitere Fragen werden in diesem Buch erörtert – aber anders, als Sie vielleicht denken – und Sie werden mühelos (!) Ihre persönliche, vermutlich überraschende und vor allem einfache (!) Lösung dabei entdecken. Ich freue mich darauf, Sie durch dieses Buch zu geleiten und mit Ihnen gemeinsam diesen Weg zu gehen. Ihr Leben kann Stück für Stück leichter werden.

Für das Durchlesen eines „Tages" (1. bis 7. Tag) benötigen Sie jeweils eine halbe bis eine gute Stunde. Ich empfehle Ihnen, die Meditationen und Übungen beim ersten Mal der Reihe nach durchzuführen. Lassen Sie jedes Kapitel mindestens einen Tag lang auf sich wirken.

Am Ende eines jeden Kapitels finden Sie einen „Job to go" für den Tag.

Lassen Sie bitte die Texte und Übungen in Ruhe wirken – wenn Sie sich dabei anstrengen, erfüllen sie ihren Zweck nicht. Sie werden in kleinen, sehr effektiven Schritten geleitet. Je langsamer Sie durch dieses Buch reisen, je mehr Zeit Sie sich lassen, umso schneller wird es in Ihnen wirken.

Ich wünsche Ihnen viel Freude und viele neue Erfahrungen und Erkenntnisse auf dieser Reise!

Bei Ihrer Reise werden Sie von Karl begleitet. Er ist der Skeptiker, der immer wieder seine Fragen und Bedenken äußert.

„Der wahre Weg kennt nur einen Duft –
den der Befreiung.“

Majjhina Nikaya

In welcher Arbeitswelt leben wir eigentlich?

Eine Klientin, die bei einer Telekommunikationsfirma als Abteilungsleiterin erst hin- und hergeschoben, dann vergessen und letztendlich gekündigt worden war, stellte fest, dass sie keine Lust mehr auf den üblichen Bewerbungsmarathon, dafür aber umso mehr Lust auf ihr Hobby und das Arbeiten mit Pferden hatte.

Heute ist sie eine erfolgreiche Pferdetrainerin in den USA – die begehrte Greencard mit eingeschlossen.

Sie spüren vermutlich selbst Tag für Tag, dass sich der Arbeitsmarkt rasant verändert: In 30 Jahren wird es den Arbeitsmarkt in dieser Form wahrscheinlich nicht mehr geben. Schon jetzt sind viele dazu gezwungen, sich selbständig zu machen, weil es keine passende Stelle für sie gibt. Das ist Ihre Chance: genau das zu tun, was Sie können und möchten. Die eigentliche Herausforderung ist: authentisch sein und Ihren ureigenen Weg finden. Das ist unsere größte Verantwortung jenseits von Erwartungen und Rollen, die wir im Alltag spielen. Derjenige, der nicht weiß, wo er steht, wo er seine innere Mitte und seine innere Ruhe findet und worauf er im Leben vertraut, wird es schwer haben. Wir werden starke und selbstsichere Persönlichkeiten brauchen, die genau wissen, was sie wollen. Das geht nicht ohne einen ganzheitlichen Hintergrund.

Die andere Wahl würde sein, dass ich es schaffe, in einem Spiel mitzuhalten, das andere spielen. Dann habe ich zwar mitgehalten, aber leider nicht in meinem Spiel, sondern in dem der anderen. Das kann mit einer bitteren Reue enden, der Reue eines ungelebten Lebens.

Es lässt sich für jeden leicht feststellen, dass auf verschiedenen Hierarchieebenen ein Überlebenskampf eingesetzt hat, der immer härter wird.

Denn der Arbeitsmarkt hat längst angefangen, sich aufzulösen. Nicht nur mit dem klassischen Acht-Stunden-Tag ist es jetzt schon vorbei. Es kommen Änderungen in einem Ausmaß auf uns zu, von denen wir jetzt noch nicht zu träumen wagen.

Die Strukturen des Angestelltendaseins sind auf mehreren Ebenen vielfach überholt, jenseits von gut oder schlecht, die Gründe dafür sind sicher vielfältig. Das ist eine wahrhaft ungeheure Chance für jeden Einzelnen, auf die ich noch ausführlich eingehen werde.

Der Wunsch nach Ruhe und Frieden, nach unserem eigenen Wesen und somit unserer Intuition schlummert in jedem von uns. Aber was hat das nun konkret mit meinem Beruf zu tun? Sind das nicht zwei völlig verschiedene Welten, die nichts miteinander zu tun haben? Im Gegenteil gehören Vernunft und Intuition zusammen, erst dann werden sie kraftvoll. Genau das möchte ich als Fonds-Manager und gleichzeitig lange Jahre Sinn-Suchender für Menschen darlegen, die gar keine Zeit mehr haben, viel zu probieren (und zu riskieren), die eine andere Möglichkeit suchen, erst zu sich selbst und dann zu ihrer eigentlichen Aufgabe im Leben zu finden, die Sinn und Beruf zu

Berufung verbinden wollen und die sich keine Auszeit nehmen wollen oder können.

Wir brauchen Menschen, die kompetent, emotional und spirituell intelligent ihre Aufgaben angehen.

💬 Aber wie geht das?

> *„Frage nicht, was die Welt braucht. Frage dich,*
> *was dich lebendig werden lässt und dann tue das.*
> *Was die Welt nämlich braucht, sind Menschen,*
> *die lebendig geworden sind."*

Harold Whitman

Handeln auf der Metaebene

💬 Wann geht's denn jetzt zur Sache? Wie kann ich Klarheit über meine Entscheidungen haben, Verantwortung besser tragen und innerlich klarer und freier sein? Ich lese dieses Buch nur weiter, wenn ich nachher zufriedener bin und mit den Widrigkeiten des Berufsalltages und des Privatlebens besser fertig werde!

Jetzt geht's gleich zur Sache, bitte nur noch einen kleinen Augenblick Geduld. Danke.

Viele erleben ein regelrechtes Auspressen (oder sollte ich sagen: Erpressen?) ihrer Arbeitskraft.

Hinzu kommt, dass unser Berufsleben von der Idee der arbeitsteiligen Gesellschaft durchdrungen ist. Für jedes Problem gibt es Fachleute: Wer nach Lösungen für ein fachliches Problem sucht, geht zu einem Experten. Stimmt der Umsatz nicht, wird der Unternehmensberater konsultiert. Bei Stress und Burnout wird der Psychologe um Rat gefragt.

Dabei können diese Teilprobleme nicht voneinander getrennt werden: die Tätigkeit nicht von der Persönlichkeit, die Zahlen nicht von der Ethik und die Vernunft nicht vom Gespür. Die Einheit der Fachdisziplinen als Erfahrung (nicht als Forschung) gibt es durchaus schon sehr lange, und zwar im Buddhismus und in der christlichen Mystik gleichermaßen. Darauf werde ich später detailliert eingehen.

Viele erwarten konkrete Tipps, wie sie im Beruf erfolgreicher sein können, sei es im beruflichen Alltag, sei es bei der Neuausrichtung oder der Visionsfindung.

Nun ist es so, dass es in diesem Bereich viele differenzierte Ratgeber gibt, die für jedes Problem detailliert Schritt für Schritt Lösungen anbieten, und das ist bestimmt gut so.

Mir geht es hier um etwas anderes. Und damit sind wir auf der Metaebene, von der dieses Buch handelt.

Was ist hier mit Metaebene gemeint? Wir begeben uns weg von der Ebene des Tuns, Handelns und Denkens auf die Ebene des Bewusstseins:

Es geht nicht in erster Linie darum, aktiv zu werden und die Dinge in die Hand zu nehmen, sondern vor allem darum, eine andere innere Haltung, ein anderes Bewusstsein zu entwickeln – das eigene Bewusstsein zu öffnen für das, was um uns herum und in uns geschieht.

 Das ist ja wohl leichter gesagt als getan?

Es geht nicht darum, wie man etwas tut, damit etwas passiert. Dies schon deshalb nicht, weil sich bloß ein Mosaiksteinchen im Außen (also in unseren Lebenssituationen) ändern muss, damit die ganze Strategie ins Wanken gerät. Oder alles passt, aber schon am nächsten Tag brauche ich wieder eine andere Strategie, weil ein neues Problem aufgetaucht ist.

Und genau das ist es, was künftig auf uns zukommt. Wir können uns nicht auf altbewährte Rezepte und erfahrene Menschen verlassen, die uns sagen, was wir tun sollen, um erfolgreicher und zufriedener zu werden. In Zukunft wird es darum gehen, aus sich heraus die Lösung zu sehen, da fertige Konzepte und Lösungen uns nicht mehr weiterhelfen.

Auch Ausbildung und eigene Erfahrung reichen nicht dafür aus, etwas Neues zu schaffen oder Antworten auf bisher ungelöste Fragen zu finden.

Es geht darum, eine innere Plattform zu finden …

> Was ist das denn schon wieder? Wo bin ich hier eigentlich?

… (der Autor bittet um etwas Geduld), auf der wir fest stehen können, egal ob es draußen regnet, schneit oder die Sonne brennt – sprich, ob es uns gerade gut oder schlecht geht und ob wir gerade eine schwerwiegende Entscheidung für das Unternehmen und unsere Arbeit treffen müssen – oder ob wir eine neue Vision für unser Leben benötigen – oder gar alles zusammen (was oft genug der Fall ist – und in Zukunft noch häufiger sein wird).

Das ist eine Riesenchance, weil wir endlich dazu gezwungen werden, uns anders mit uns selbst zu beschäftigen. Es wird in Zukunft nicht mehr so sehr darum gehen, ein Lebenskonzept mit den verschiedenen Rollen für sich zu finden, sondern darum, Verstand, Intuition und unsere weiteren Persönlichkeitsmerkmale zu einem offenen Bewusstsein zu verbinden, das sich als Einheit mit dem Leben versteht; wo es nicht um gut oder schlecht, um Richtig oder Falsch oder um Konkurrenz und Kontrolle, sondern um Vertrauen und innere Führung geht.

Je turbulenter die äußeren Umstände werden, umso größer ist die Notwendigkeit, von innen heraus zu agieren bzw. uns von innen heraus zu öffnen.

Diese Plattform …

 Da ist sie wieder!

… möchte ich mit Ihnen in mehreren Schritten konkret erarbeiten. Ziel ist es, in jeder Situation präsent und besonnen zu reagieren.

 Wie soll das denn gehen?

Das geschieht von innen heraus, ohne ständig zu überlegen: Ist das jetzt richtig oder falsch, gut oder schlecht, oben oder unten. Aus dieser Haltung heraus erfahre ich den nächsten Schritt, der aus einer ganzheitlichen Betrachtung heraus erforderlich ist – und erlebe daraus eine unglaubliche Befreiung und Sicherheit. Ich mache mich von meinem beruflichen und privaten Umfeld unabhängiger und bin gleichzeitig stärker mit jedem Einzelnen und jeder Situation verbunden. Die Lösung wartet immer schon, wir können sie oft nur nicht sehen oder erleben sie schrittweise.

Wir können frei sein. Wir sind frei. In jedem Augenblick unseres Lebens. Wir können uns und andere führen.

 Was heißt das denn nun wieder?

„Sei du selbst die Veränderung,
die du dir wünschst für diese Welt."

Mahatma Gandhi

Sich und andere führen –
aber nicht in den Wahnsinn

Die gute Nachricht: Sie müssen im Außen erstmal nichts ändern. Die schlechte Nachricht: Sie müssen im Außen erstmal nichts ändern.

Also liegt wieder alles an mir? Das sagen mir doch schon genug Menschen! Dafür brauche ich nicht auch noch dieses Buch!

Nein, es liegt alles **in** Ihnen. Der Unterschied wird gleich klar werden.

Unser Verstand bringt hauptsächlich statische Denkweisen hervor: Aus bekannten Informationen können sicher logische Rückschlüsse und Entscheidungen gefunden und entwickelt werden. Es geht dann um Besser oder Schlechter, um Höher oder Niedriger, um Richtig oder Falsch. Dabei macht der Verstand vielleicht 15 Prozent unseres Geistes aus, der Rest ist etwas, das uns unfehlbar führt und das wir zulassen können.

Es ist, als wollten wir mit einem frisierten Mofa (der Verstand, der am besten noch mehr leisten soll), möglichst geducktem Oberkörper, um schneller zu sein (wir spielen die erwartete Rolle), und sicherheitsbewusst mit Integralhelm auf dem Kopf (unser wahres Wesen bleibt unerkannt) möglichst schnell ans Ziel kommen. Während wir losbrausen, übersehen wir geflissentlich, dass in unserer Garage ein geräuschloser Stromrenner mit Automatik und Navigationssystem steht (unsere innere Führung), der darauf wartet, angelassen (zugelassen) zu werden, und der das Ziel praktisch von selbst findet.

Auf der Ebene der Intuition und der inneren Führung werden Entscheidungen getroffen, die nicht auf der Ebene des Problems selbst stattfinden, sondern auf der Metaebene, auf der Entscheidungen erlebt und erfahren werden können und die nicht falsch sein können.

Hier findet wahre innere Führung statt, die aus uns selbst (unserem Selbst) auf alles ausstrahlt, wenn wir es zulassen: auf unsere Situation, auf unsere Mitmenschen, auf unserer Kollegen und Mitarbeiter.

Aus mir selbst heraus kann, wenn ich mich ganz in eine Situation hineinbegebe, sie erfühle und sie ganz zulasse, keine falsche, verpuffende oder sinnlose Entwicklung stattfinden.

Ansonsten werde ich zwangsläufig Fehlentscheidungen treffen oder zumindest solche, die mich oder andere nicht weiterbringen. In dem Fall führe ich nicht, weder mich noch andere. Dann spiele ich eine Rolle, um anderen gerecht zu werden.

Nicht nur Manager haben häufig das Gefühl, gegen ihre eigenen Werte zu handeln und dass ihnen alles vorgeschrieben wird – bis hin zur angesagten Sportart. Wenn ich mich sogar im Privaten bei meiner Sportart danach richte, was andere gerne wollen, wer bin ich dann noch? Lasse ich mich in diesem Fall nicht von anderen führen, obgleich das meine Aufgabe als Manager wäre?

Nach meiner tiefsten Überzeugung und Erfahrung kann ich dann äußerlich führen, wenn ich auch eine innere Führung erlebe. Das bedeutet nicht, dass ich stundenlang in mich gehe und prüfe, ob ich gerade ratlos, lustlos oder wütend bin. Wenn ich allein den Verstand benutze, spiele ich eine Rolle, die er oder andere Verstande (oder sollte ich sagen Vorstände) sich für mich ausgedacht haben. Das sind immer statische, das heißt vorhersehbare Lösungen. Wenn ich mein Bewusstsein öffne, können wirklich neue, kreative Lösungen entstehen: Entscheidend ist die innere Haltung. Verstehe ich mich als jemand, der eine Rolle bedient, oder als jemand, der eine Verantwortung trägt und eine Entscheidung in sich vorfindet, die er gar nicht angestrengt trifft, weil sie schon längst da ist? In diesem Buch wollen wir versuchen, unser Bewusstsein zu öffnen.

Denn dass es funktioniert, glaubt niemand, der es nicht ausprobiert hat. Und man kann es auch nicht willentlich ausprobieren, sondern nur zulassen. In sich gehen, sich öffnen und – zulassen.

Und er wird andere führen, indem er spürt, was sie brauchen, um ihre eigene Aufgabe erfolgreich meistern zu können: Führen wird zu Erkennen.

💬 Jetzt bin ich aber gespannt.

1. Tag: Erkennen –
Was macht mein Leben aus?

💬 Was gibt es denn da zu erkennen? Was heißt „Erkennen" überhaupt? Was haben das Berufsleben, mein Job und die Arbeitswelt mit Erkennen zu tun? Geht es ein bisschen konkreter?

Was schert uns schon unser Inneres, es wird sowieso den ganzen Tag oder gar das ganze Arbeitsleben zurückgestellt. Zurück bleibt ein abgespannter, aufgeriebener Körper und Geist, der oft nicht weiß, wie er das alles schaffen soll, wofür er das alles tut und was das alles soll ... aber das ist ja normal.

Am besten ist es, diese Gedanken zu verdrängen, zu ersäufen oder ganz entschieden vor ihnen wegzulaufen (was abends in Köln am Rhein oft beobachtet werden kann).

Da gibt es aber auch noch eine andere Möglichkeit:

Der Beginn jeglicher bewusster Veränderung ist Erkenntnis; das heißt, Klarheit über mich selbst und meine berufliche und private Situation zu gewinnen und zu betrachten, wo ich gerade stehe. Auch wenn ich vielleicht nur eine neue Stelle oder etwas Unbestimmtes anderes suche – tief in meinem Innern weiß ich doch, das dies häufig nur die Spitze des Eisberges ist. Und jetzt räumen wir mal von Grund auf auf.

Wir versuchen nun eine Momentaufnahme und Standortbestimmung, zunächst scheinbar unabhängig davon, wo Sie hinwollen oder was Sie suchen. Nehmen Sie sich etwas Zeit.

Die Veränderung, um die es uns hier geht, ist nicht vorgezeichnet. Ausmaß und Art der Veränderung sind nicht ausschlaggebend. Das Buch gibt Ihnen nicht vor, **wohin** es gehen soll.

> Wie soll das denn funktionieren? Und wofür soll das gut sein? Aber manchmal muss man einfach etwas ausprobieren, um hinterher zu wissen, wohin es führt ...

Es gibt nur den Anhaltspunkt, **wie** es gehen könnte. Darin werden Sie allerdings durchgehend begleitet. Es ist die Leitplanke, nicht die Straße. Es möchte vermeiden, dass Sie im Graben landen. Die Straße finden Sie mit dieser Begleitung selbst. Dieses Buch möchte ein roter Faden sein, der Sie bei Veränderungen führt, oder besser das rote Seil, an dem Sie sich festhalten können. Den Rest entdecken Sie in jedem Kapitel ein Stück weit in sich selbst.

> Es gibt keinen Ratschlag, was denn nun zu tun ist? Wofür habe ich das Buch denn dann gekauft?

Sie müssen Ihr äußeres Leben nicht aufgeben. Sie müssen jetzt keine Entscheidung treffen. Echte Veränderung geschieht vielleicht nicht schmerzlos, aber doch ohne willentliche Anstrengung. Es geht zunächst nur um das Erkennen der Situation, wie auch immer sie ist. Aber was ist meine Situation? Wo stehe ich gerade?

„Unsere Wünsche sind die Vorboten der Fähigkeiten,
die in uns liegen."

Johann Wolfgang von Goethe

> Der hat gut reden!

Jetzt geht's los: Wo stehe ich gerade?

Es geht ans Eingemachte: Stellen Sie sich vor, Sie wären ein Vogel auf Ihrer Schulter: Was machen Sie gerade? In welcher Situation befinden Sie sich? Wo befinden Sie sich? Wer sind Sie? Was wollen Sie gerade? Was macht Ihr Leben aus? Was denken Sie? Was fühlen Sie?

Der Grundgedanke dieses Buches ist der, dass die unangenehmen Themen genauso wie die angenehmen unseres Lebens ganz gesehen und zugelassen werden dürfen, dass sie nicht versteckt werden müssen, dass ich nichts beschönigen muss, ob ich nun aufgeregt oder lethargisch bin, ob ich Entscheidungen zu schnell, zu langsam oder gar nicht treffe, ob ich nie Zeit habe oder nicht weiß, was ich mit meiner Zeit anfangen soll, ob ich der Meinung bin, im Leben alles falsch gemacht zu haben oder zu der Superfraktion gehöre, die alles richtig zu machen scheint. Oder lasse ich es mir immer gut gehen? Daran ist ja wohl nichts Schlimmes?? Nein, ist es nicht, und doch ... warum lesen Sie dieses Buch?

Es geht auch nicht darum, neue Strategien zu entwickeln und die Situation durch eine kurzfristige Lösung „zu klären" – das Haltbarkeitsdatum des Ergebnisses wäre ohne weiteren Unterbau kurzfristig. Diese Strategien können dann entwickelt werden, wenn der Weg wirklich klar ist und eine verstandesgemäße Untersuchung und Entwicklung von Details stattfinden.

Bitte lassen Sie alles Angenehme und Unangenehme in Ihrem Leben jetzt zu, weil beides Energie liefert, die uns tragen kann. Diese Energie ist pure Kraft, wenn wir sie transformieren, oder besser: Energie transformiert sich selbst in eine gute Richtung, wenn wir sie lassen. Angst und andere Emotionen weisen uns den Weg. Das heißt, je mehr wir innerlich zulassen (nicht ausleben, sondern wahrnehmen, zulassen und fühlen), wie es uns wirklich geht und wie wir uns wirklich fühlen, je mehr wir Schmerz und Freude aushalten und uns bewusst sind, dass sie uns die Richtung weisen, umso eher kann in uns eine Lösung entstehen, die wir nicht suchen, sondern die in uns entsteht, unabhängig davon, wie verfahren die Situation ist, in der wir gerade stecken.

Wenn wir uns also von Gelingen oder Nicht-Gelingen lösen, von zu früh oder zu spät, von zu wenig oder zu viel, dann beginnt etwas in uns zu arbeiten, eine Kraft, die aus uns selbst heraus entsteht, eine innere Führung, die genau den Weg zu kennen scheint. Wir können unsere Schranken und Blockaden loslassen. Wir können uns selbst zulassen. Hier beginnt eine Reise, die anders ist, die uns von selbst trägt, jenseits von Erfolg oder Niederlage, von gut oder schlecht, von oben oder unten. Hier beginnen Sie, von selbst Ihren Weg zu gehen, ohne sich zu verausgaben, ohne Anpassung am falschen Platz.

An dieser Stelle hören wir auch auf, uns über Rollen zu definieren oder Rollen zu suchen und zu „spielen". Wir suchen keine Rollen und wir wachsen in keine hinein. Wir malen uns keine Figur aus, die wir mit Leben füllen möchten, sondern leben aus uns selbst heraus – und berücksichtigen dabei viel intelligenter die Notwendigkeiten und Verantwortlichkeiten unseres Lebens.

💬 Der hat gut reden.

Hier entsteht Zeit für unser Leben, die uns alles Wichtige angehen lässt, statt immer noch mehr Zeit zu sparen, wie es häufig in unserem Leben geschieht. Aber wie geht es mir gerade innerlich? Wohin geht mein Flieger überhaupt?

Fragen über Fragen: Wo ist eigentlich die Startbahn?

Geht es in Ihrem Leben in Ihrem Sinne weiter oder haben Sie eher das Gefühl, noch gar nicht richtig gestartet zu haben? Folgende Fragen können Sie vielleicht bei der Standortbestimmung unterstützen.

Bitte beantworten Sie diese Fragen nicht oder finden gar Lösungen dafür!

Lassen Sie sie vielmehr durch Ihren Geist und Körper ziehen und achten Sie nur darauf, ob und wie er reagiert: Wird Ihnen z. B. flau im Magen oder fühlen Sie sich sehr wohl? Können Sie bei einer Frage nicht weiterlesen oder berühren die Sie Fragen nicht?

💬 Soll ich mich etwa einfach nur beobachten? Warum soll ich keine Lösungen finden? Wie kann man denn beobachten, ohne es zu bewerten und etwas zu unternehmen?

- Erlebe ich meine Tätigkeit als sinnvoll?
- Lebe ich im Beruf meine ganze Persönlichkeit?
- Bin ich mit meinem Privatleben zufrieden?
- Bin ich mit mir zufrieden? Was halte ich von mir selbst?
- Was möchte ich noch erreichen?
- Was würde ich gerne ändern?
- Kenne ich eine andere Lebensaufgabe, die mir entsprechen würde?
- Habe ich eine Vision für mein Leben?
- Fällt es mir schwer, Entscheidungen zu treffen?
- Erlebe ich mich häufig in den Kategorien Sieg oder Niederlage?
- Gibt es in meinem Leben viele Einteilungen in gut und schlecht?
- Fühle ich mich oft von Verantwortung erdrückt?
- Habe ich oft das Gefühl, mich anstrengen zu müssen? Stehe ich oft unter Zeitdruck? Stehe ich oft in Konkurrenz zu anderen?
- Habe ich das Gefühl, dass in meinem Leben die richtigen Dinge geschehen?
- Zu guter Letzt: Tue ich meine täglichen Aufgaben mit Freude?

💬 Moment mal, kribbelt da tatsächlich etwas in mir?

Vielleicht fallen Ihnen auch nach dem Lesen noch andere Fragen ein, die Sie unbewusst oder bewusst sehr beschäftigen. Bitte lassen Sie sie zu. Eventuell können Sie sie notieren.

Diese Fragen müssen nicht beantwortet werden, sondern Sie können in sie hineinfühlen, sie beobachten und dann wieder loslassen – mehr gibt es im Moment nicht zu tun. Dazu im Folgenden die erste Meditation.

> *„Was vor uns liegt und was hinter uns liegt ist nichts im Vergleich zu dem, was in uns liegt. Und wenn wir das, was in uns liegt, nach außen in die Welt tragen, geschehen Wunder."*
>
> Henry David Thoreau

Geführte Meditation:
Präsenz – Die Situation erkennen

Ich setze mich für 20 Minuten an einen ruhigen Ort, an dem ich mich wohl fühle. Ich setze mich auf einen Stuhl, auf dem ich entspannt, aber gerade sitzen kann. Die Beine sind ungefähr im rechten Winkel aufgestellt. Rücken, Hals und Kopf bilden etwa eine gerade Linie, ohne dass ich mich dabei anstrenge. Ich richte meine Augen nach innen.

Ich sitze entspannt.

Ich spüre in die Ruhe und Atmosphäre des Raumes hinein. Ist es hell oder dunkel? Ist es außen laut oder leise? Falls ich außen Geräusche wahrnehme, kehre ich wieder in die Ruhe des Raumes zurück.

Ich verbinde mich mit dem Stuhl, auf dem ich sitze. Ich erspüre mit meinen Füßen den Boden. Ich erlebe, ob sich die Füße mit dem Boden verbinden. Ist es in mir laut oder leise? Ich öffne mein Bewusstsein für das, was in mir geschieht.

Ich erspüre meine körperlichen Verspannungen. Wo ist mein Körper verspannt? Oder bin ich völlig entspannt? Habe ich Kopf- oder Rückenschmerzen oder tun meine Beine weh? Ich wandere gedanklich von oben nach unten:

Kopf und Augen

Hals und Nacken

Brust und Schultern

Arme und Hände

Bauch und Rücken

Unterleib und Gesäß

Oberschenkel und Knie

Unterschenkel und Füße

Ich spüre in meine Verspannungen hinein, lasse sie zu und fühle, wie sie sich nach und nach auflösen. Gelingt das nicht, kann ich auch das zulassen. Kann ich das nicht zulassen, lasse ich das Nichtzulassen zu.

Ich spüre nun in die entspannten Stellen meines Körpers und lasse zu, dass sich die Entspannung auf die nicht entspannten Stellen ausbreitet.

Bin ich unruhig oder werde ich langsam innerlich ruhig?

Wie geht mein Atem? Geht er schnell oder langsam? Ist er tief oder flach? Wenn er sich verändert, weil ich ihn beobachte, kann ich auch das zulassen.

Wenn ich einatme, kann ich innerlich „ein" sagen. Wenn ich ausatme, kann ich innerlich „aus" sagen. Ich spüre dankbar in meinen Atem hinein.

Ich werde jetzt zu einem Beobachter, der im ersten Stock sitzt und durch den Glasboden liebevoll beobachtet, was sich unten im Parterre abspielt. Ich greife nicht ein.

Ich muss nichts loswerden. Ich halte nichts fest. Ich muss nichts erreichen.

Ich erlaube mir, zur Ruhe kommen.

Welche Gedanken gehen mir durch den Kopf? Ich werte meine Gedanken nicht, auch wenn sie mir vielleicht Angst machen. Habe ich gerade verrückte Phantasien, fange ich an zu träumen oder vermeintlich zu spinnen oder hakt alles in mir? Bin ich gerade sehr wütend auf jemanden? Sehe ich mich gerade einen Abhang herunterrutschen? Oder bin ich vielleicht innerlich ganz leer?

Werde ich ruhig? Werde ich müde?

Lassen mich bestimmte Gedanken nicht los, sondern kehren immer wieder?

Kann ich den Moment erkennen, wie er ist?

Bin ich unzufrieden oder entwickelt sich alles prima?

Ist die Situation vielleicht völlig verfahren oder ist alles so, wie es sein soll?

Habe ich Wunschgedanken, die mich quälen? Habe ich eine Vision, die ich umsetzen möchte? Habe ich den Gedanken: „Es ist zu spät?" Auch dann stelle ich das fest, spüre in es hinein, lasse es ganz zu und lasse mir Zeit dabei.

Ich lasse mich von den Gedanken nicht forttragen und spinne sie nicht weiter. Ich versuche nicht, sie loszuwerden, ich halte sie nicht fest, sondern lasse sie vorüberziehen. Wenn ein neuer Gedanke kommt, kann ich innerlich „Denken" feststellen.

Wie ist die körperliche Reaktion auf meine Gedanken? Habe ich Schmerzen? Ich lasse diesen Schmerz zu. Wo ist der Schmerz genau? Wie fühlt er sich an? Kann ich ihn als einen Teil von mir zulassen? Ich verbinde mich mit ihm. Ich kann ihn sein lassen wie er ist. Ich lasse zu, dass er sich nach und nach auflöst.

Habe ich Gefühle, die mich glücklich machen? Bin ich erfreut, ausgeglichen oder zuversichtlich? Ich lasse sie zu und lasse mich nicht von ihnen forttragen.

Habe ich Gefühle, die mich traurig machen? Bin ich wütend, ängstlich oder hilflos? Ich lasse mich nicht davon forttragen, lasse den Schmerz zu und spüre in ihn hinein. Er ist ein Teil von mir und sendet mir wichtige Botschaften, die ich jetzt nicht zu verstehen brauche.

Meine Gedanken und Gefühle müssen nicht vernünftig oder „richtig" sein. Ich lasse sie zu, ohne sie zu bewerten. Oder ich beobachte, dass ich alles bewerte, ohne das Bewerten zu verurteilen.

Ich erlaube mir alle Gefühle: Trauer und Glück, Verzweiflung und Zuversicht, Angst und Sicherheit, Zweifel und Selbstbewusstsein, Müdigkeit und Energie, Unruhe und Lethargie, Angst und Hoffnung. Ich lasse alle Gefühle und Empfindungen zu, fühle in sie hinein, bewerte sie nicht und lasse sie dann vorüber ziehen. Ich folge ihnen nicht.

Alles darf so sein, wie es ist. Alles darf gesehen werden. Es geht nicht um Bestehen und Versagen. Ich brauche jetzt nichts zu ändern. Ich lasse mich ganz zu. Ich verteidige und rechtfertige mich nicht.

Ich kehre wieder zu meinem Atem zurück. Ein, aus, ein, aus ...

Wenn es mir zu verrückt wird und ich mich in der Situation nicht aufgehoben fühle oder es zu weh tut, habe ich die Freiheit, aufzuhören und es vielleicht später wieder zu versuchen.

Vielleicht sitze ich ruhig da und denke an gar nichts mehr.

Ich danke mir für die Zeit und Aufmerksamkeit, die ich mir schenke. Ich danke mir dafür, dass ich mich zulasse.

Ich zähle bis drei. Bei drei kann ich meine Augen öffnen und darf mich räkeln und strecken.

Auch nach der Meditation kann ich mich im Alltag immer wieder durch die Beobachtung meines Atems zentrieren. Der Atem führt Körper, Geist und Seele zu einer Einheit zusammen.

> Der hat gut reden, das klappt bei mir aber noch nicht richtig. Was heißt überhaupt „richtig?" Mal sehen, was jetzt kommt.

Häufige Erfahrungswerte

Es geht nicht darum, Unangenehmes und Ungelöstes oder scheinbar Unlösbares aus dem beruflichen Alltag oder Privatleben aufzuwärmen, sondern sich furchtlos mit sich selbst zu beschäftigen, all das zuzulassen (genauer: sich selbst zuzulassen), was man sonst vielleicht verdrängt, auch alle schrägen und komischen Gedanken und Gefühle. Sie müssen ihnen nicht folgen, Sie müssen sie nicht verstehen, sie müssen keinen Sinn haben, Sie können sie zulassen und betrachten – und dann lassen Sie sie vorüberziehen wie Wolken am Himmel und kehren wieder zur Beobachtung Ihres Atems zurück.

> So werde ich mein Leben ja wohl kaum verändern, oder? Irgendein Ziel muss ich doch verfolgen. Von nichts kommt nichts ... aber irgendwas ist hier anders. Aber was?

Zunächst geht es darum, erst mal zur Ruhe zu kommen! Mehr braucht es nicht, die Gedanken müssen nicht analysiert und ausgewertet werden, sondern sie können Ihnen in die Freiheit verhelfen, damit sich gestautes Gedanken- und Gefühlsgut auflösen kann und Sie innerlich ein Stückchen leichter und ruhiger werden.

Nach dieser Übung gibt es erst mal nichts weiter zu tun. Vielleicht bemerken Sie, dass Sie danach manchmal ruhiger und entspannter den Tag erleben können und mehr bei sich sind als sonst. Manchem fällt vielleicht auf, dass er weniger Lust auf die üblichen Ablenkungen hat, sondern damit zufrieden ist, mit sich und seiner Umwelt zu sein.

Wenn alle Gedanken, Gefühle und Schmerzen zugelassen sind, bleibt etwas übrig: Ich verstehe nach und nach, was in mir vorgeht und wie es mir wirklich geht. Jetzt kann ich mir auch treu werden, weil ich eine Ahnung davon bekomme, was mich wirklich beschäftigt.

Sie erkennen Ihre wirkliche Situation. Sie ist weder gut noch schlecht, sie ist, wie sie ist. Daran muss im Moment nichts geändert werden. (Am Verständnis dessen arbeiten wir in der nächsten geführten Meditation.)

Es geht ganz und gar nicht darum, eine neue Authentizität zu erlernen. Es geht um etwas ganz anderes: Es geht darum, sie zu **erfahren**.

 Und was bringt mir das Ganze jetzt?

Es ist eine erste bedeutende Änderung möglich: Ich erlebe, dass etwas passiert, das ich nicht kontrollieren muss, sondern das ich erleben kann. Ich muss nichts leisten, sondern darf beobachten. Ich muss nicht gut sein, sondern ich darf sein. Ich muss auch nichts lösen, sondern kann zulassen. Ich brauche keine Angst zu haben, sondern darf geschehen lassen.

Sie sind vielleicht mehr bei sich als sonst, werden innerlich ruhiger und können sich vom Arbeitstag zunächst ein Stück distanzieren. Wenn Sie bei sich sind, können Sie vieles klarer überblicken und haben eine Grundlage für eine tiefere Sicht auf die Dinge, denen wir in den weiteren Kapiteln auf den Grund gehen. Nehmen Sie sich Zeit.

Vielleicht haben Sie die Muße, diese Übung jeden Tag zehn Minuten lang durchzuführen, am besten an einem gleich bleibenden, ruhigen Platz, an dem Sie nicht gestört werden.

Vielleicht haben Sie noch Lust auf kleine meditative Betrachtungen, sozusagen einen kleinen Ausblick? Und am Ende des Kapitels folgt natürlich noch eine kleine Aufgabe zum „Mitnehmen".

Meditative Betrachtung: Was ich wirklich bin

Ich bin neidisch

Bin rachsüchtig

Bin jähzornig

Bin kleinmütig

Bin wütend

Bin aggressiv

Bin undankbar

Bin unzufrieden

Bin unruhig

Bin verzweifelt

Ich bin gar nichts von alledem

Ruhe nicht in mir selbst

Finde nicht meinen inneren Frieden

Schiele nach den anderen

Vergleiche mich mit meinem Gegenüber

Kenne nicht meinen eigenen Wert

Habe Angst vor dem Leben

Habe Angst vor den Fallstricken, die auf mich lauern

Habe Angst vor mir selbst

Habe Angst vor meinen Entscheidungen

Habe Angst vor dem, was kommt

Habe Angst vor dem, was das Leben aus mir macht

Kenne nicht meinen Weg

Und doch ist Frieden in mir

Ich lasse meine Gedanken ziehen

Beobachte meine Wünsche

Lächle über meinen Kleinmut

Wundere mich über die Geradlinigkeit meines zurückliegenden Weges

Und bin einfach aufgehoben in der Welt

Job to go

Bitte beobachten Sie einen Tag lang alles, was Sie erleben, sagen und tun, ohne es zu bewerten – oder beobachten Sie Ihre Bewertungen.

2. Tag: Annehmen –
Wie man sicher startet

Der Begriff Integrität kommt aus dem Lateinischen und bedeutet soviel wie Unbescholtenheit, Makellosigkeit und Unbestechlichkeit. Das ist eine Bedeutung des Begriffes. Er bedeutet auch (oder vielmehr?) Unversehrtheit, Unverletztheit. Darauf möchte ich gerne eingehen.

Was bedeutet das, sich im Berufsleben unversehrt und unverletzt fühlen zu können? Kann ich meine ganze Persönlichkeit leben oder fühle ich mich von bestimmten Teilen meiner Persönlichkeit abgeschnitten? Musste ich um des Erfolgs oder lieben Friedens willen (was für eine Wortkonstruktion!) meine Einstellungen, mein Denken, meinen Ärger abschneiden? Muss ich, um Geld zu verdienen, meine innere Haltung und meine Individualität zurückstellen? Ist das selbstverständlich? Wenn jeder auslebt, was ihm gerade in den Kopf kommt, haben wir vermutlich erst den kollektiven Egoismus und dann das perfekte Chaos.

Dann wären Ideen und Visionen nur für diejenigen umsetzbar, die aussteigen oder sich selbständig machen können. Leider ist es das auch für die nicht, da beide „Berufsgruppen" ebenfalls ihren ganz eigenen Zwängen unterliegen.

 Dann sind wohl alle Illusionen dahin?

Ja, das sind sie, wenn wir weiterhin daran festhalten, alles mit dem Verstand regeln zu wollen. Wir sollen leisten, gut sein, angesehen sein, unsere Stelle behalten, etwas erreichen und so weiter, die Liste lässt sich beliebig und mehr oder weniger individuell verlängern. Der

Verstand lässt uns meistens auch nicht darüber im Unklaren, bis wann er sich das alles so vorstellt – genau wie der Chef in der Firma.

Und so kämpfen wir tagaus tagein gegen unser wahres Selbst. Häufig besteht der Hauptaspekt des Tages darin, sich zu überwinden. Das ist die eigentliche Versehrtheit, die eigentliche Verletztheit: An dieser Stelle sind wir nicht integer und übernehmen keine Verantwortung für uns. Punkt.

Es ist nämlich kein Heldentum, sich zu überwinden, es ist keine Leistung, gut zu sein, es ist nicht erstrebenswert, alles zu schaffen, wenn ich mich anstrenge. Jedenfalls ist es das nicht, wenn ich mir selbst gegenüber integer sein will. Wenn ich es mir selbst gegenüber nicht bin, kann ich es anderen gegenüber auch nicht sein. Das ist eine andere Wahrheit als die, die wir gelernt haben, die uns eingeimpft wurde und auf die unser Wirtschaftsleben heute noch aufbaut, mit sehr wackeligen Füßen, weil die Pfeiler …

 Gehöre ich etwa auch dazu?

… innerlich quietschen und krachen.

Das alles hat nichts mit der Berufung für unser Leben zu tun, nichts mit einem sinnerfüllten Dasein. Und so gibt es doch vielleicht noch einen anderen Weg? Einen Weg, der mich weiterbringt und dem ich mich aus innerstem Herzen zugehörig fühle. Ein Weg, der mich auch innerlich weiterbringt, auf dem meine ganze Persönlichkeit zur Geltung kommen kann. Mein Weg.

Das Schöne daran ist, dass wir uns von den äußeren Gegebenheiten nicht abhängig machen müssen, sondern direkt und jetzt im Moment bei uns anfangen können. Wir können uns vom Wahn befreien, alles selbst steuern zu müssen, über alles die Kontrolle behalten zu müssen, alles verstehen und uns gegen alles absichern zu müssen. Wir können ein neues Verantwortungsgefühl entdecken, bei dem es nicht mehr darum geht, alles zu bedenken, sondern präsent zu sein. Es geht darum, innere Führung zu entdecken.

💬 Was ist das denn schon wieder?

Es ist zunächst die Fähigkeit, aus sich selbst heraus mit innerer Kraft, ohne sich ständig den Verstand anzustrengen, kraftvoll und souverän zu handeln, es ist eine Intuition, die in jedem von uns ist und die sich nicht verbraucht.

Es ist die Einswerdung unseres Verstandeswissens, unseres Urwissens, des Unter- und Unbewussten und die Verbindung mit unserer Umwelt. Wir haben die Wahl, sie anzuzapfen oder nicht, aber sie ist da. Wir können sie bewusst machen und bewusst erleben. Sie ist unser inneres Navigationssystem, leider ohne Display. Und so kommt es, dass auch in den verrücktesten Lebensläufen ein roter Faden enthalten ist, der darauf hinweist, dass etwas in uns den Weg kennt. Meine Beratung wird oftmals aufgesucht, wenn die Visionsfindung und die Entdeckung und Umsetzung der eigenen inneren Haltung anstehen, sei es, die innere Führung zu entdecken, oft auch in äußere Führung umzusetzen, oder bei einem völligen Neustart, was ebenfalls vorkommt. Die Klienten haben subjektiv manchmal das Gefühl, nicht mehr weiter zu wissen.

💬 Ich weiß doch immer, was ich zu tun habe! Oder geht es hier etwa um eine höhere Ebene ...

Das erfordert keine komplizierten Bestrebungen, Flipcharts und strategisches Vorgehen, sondern eine ganz neue innere Einfachheit: Ich höre mir zu. Ich verbinde mein bisheriges logisches Denken mit einer, mit meiner tiefen Intuition. Ich kann anhalten, loslassen, regenerieren, um meine innere Ruhe und eigene Mitte zu finden und eine neue Sicht auf die Dinge zu erfahren, nämlich eine, die aus mir selbst heraus kommt. Sie entspringt nicht meinen Meinungen und Einstellungen, sondern sie ist etwas viel Tieferes, vielmehr Ganzes und Unteilbares: Sie ist die Erfahrung meiner Selbst (meines Selbsts).

An dieser Stelle können wir – zunächst noch theoretisch – davon loslassen, nicht zu wissen, wie wir weitermachen sollen oder ein zufriedenes Leben führen können. Wir können Besonnenheit üben statt mitzuhalten. Wir können effektiv sein ohne Hektik, weil wir uns nicht mehr anstrengen, sondern es aus uns „herausfließt". An dieser Stelle können wir ein ganz neues Verständnis von Verantwortung entdecken:

Wir können Verantwortung für das Leben übernehmen, indem wir aufhören, ihm hinterherzulaufen, und stattdessen das Leben auf uns zukommen und in uns wirken kann. Wenn wir aufhören, uns zu überwinden und achtsam den Tag erleben, entdecken wir, dass die wahrhaft wichtigen Dinge des Lebens auf uns zukommen.

Das Leben wartet höflich, bis wir Zeit für es haben – schon nach kurzer Zeit passieren aufgestaute und wichtige Dinge, gerade dann, wenn wir unseren selbstgemachten Terminkalender mal außen vor lassen. Ganz ohne schlechtes Gewissen können wir erleben, dass wir trotzdem alles unmittelbar Anstehende gut schaffen – sofern es tatsächlich jetzt ansteht. Wenn nicht, wird es vielleicht auch nicht unmittelbar geschehen. Wir verpassen nur Termine, die nicht wichtig sind.

🗨 Schön wär's ja ... Wie soll das denn funktionieren?

Wenn Sie dazu bereit sind, möchte ich gerne eine kleine Überlegung mit Ihnen starten. Inhalt dieser Überlegung ist, probehalber eine diametral entgegengesetzte Haltung zur üblichen im Alltags- und Berufsleben einzunehmen. Wenn Sie alles andere schon versucht haben, versuchen Sie es einmal damit: Raus aus Stress und Burnout.

Zum Abheben – Raus aus Stress und Burnout

🗨 Wer sagt denn, dass ich einen Burnout habe? Umso besser, umso leichter werden mir die folgenden Überlegungen fallen.

Wir hören auf, unsere Situation zu reflektieren, was alles gut oder schlecht ist oder was geändert werden müsste oder wo ich besser anders reagiert hätte und was man anders hätte machen können.

Vielmehr bilden wir ein Bewusstsein dafür, wie es uns jetzt gerade geht, wie wir uns fühlen und welche Gedanken uns durch den Kopf gehen. Wir nehmen die Position des Beobachters ein, der wohlwollend und gütig auf uns blickt, aber nicht bewertet.

Und dann gehen wir noch einen Schritt weiter und machen etwas völlig Verrücktes: Wir versuchen nicht, aus der Situation herauszukommen oder sie zu verbessern, sondern gehen stattdessen tiefer hinein. Als ob es nicht schon schwer genug wäre, bleiben wir ganz bewusst dort, wo wir gerade sind und spüren sogar noch in körperliche Verspannungen hinein, die uns diese Situation verursacht. Seien es Rückenschmerzen, ein verspannter Nacken, ständige Kopfschmerzen, ein turbulenter Magen oder eine innere Unruhe, die vielleicht schon zu unserem ständigen Begleiter geworden ist. Sobald wir eine körperliche Krankheit ausschließen können, dürfen wir das ganz annehmen und müssen im Augenblick nichts daran ändern. Nichts muss verbessert werden, nichts muss gerettet werden, nichts muss kaschiert werden, keine unterschiedlichen Rollen müssen vereint werden.

Wir dürfen uns alles vor uns selbst eingestehen. Und da liegt die große Kraft: Wenn ich nichts verberge und beschönige, wenn ich den Schmerz ganz zulassen kann, wenn ich selbst Teil des Schmerzes, der mich bewegt, werde, kann er sich (mich) transformieren und sich auflösen. Transformation heißt, dass sich schmerzhafte Energie auflöst und in positive Energie umwandelt, wenn ich sie (zu)lasse und als Teil von mir anerkenne.

Ich muss den Schmerz nicht verstehen, er muss nicht logisch sein, ich muss nicht mit ihm argumentieren. Ich nehme mich und meine Lebenssituation ganz an:

Ich muss nicht aktiv eine Lösung herbeiführen, nicht strategisch denken, mich nicht schützen und keinen Plan haben. Am besten ist, wenn ich es nicht logisch angehe, sondern da bleibe, wo ich gerade bin. Ich komme bei mir selbst an.

 Aber wo bin ich gerade?

Schon sind wir bei den prinzipiellen Fragen.

Job to go

Bitte lassen Sie sich regelmäßig vom Arzt durchchecken.

 Ja, ja.

Fragen über Fragen: Wann geht denn nun mein Flieger?

Bitte lesen Sie diesen zweiten Fragen-Abschnitt, auch dieses Mal, ohne die Fragen zu beantworten. Lassen Sie sie auf sich wirken. Es kommt jetzt nicht auf Antworten an, sondern darauf, sich innerlich auf Ihr Lebensthema einzustimmen. Es kommt gerade nicht darauf an, Lösungen zu suchen, sondern darauf, Lösungen zu erfahren! Sie werden sie ganz leicht in sich entdecken, wenn Sie ehrlich zu sich sind und die Fragen zulassen können.

▶ Kenne ich meine eigene innere Haltung? (Weiß ich, wofür ich stehe?)
▶ Kann ich die Werte für mein Leben benennen?
▶ Weiß ich, was ich für richtig halte?
▶ Kenne ich meine Vision?
▶ Was ist mein persönlicher Sinn des Lebens?
▶ Lebe ich diesen Sinn in meinem Beruf?
▶ Weiß ich, worauf ich in meinem Leben vertraue? Weiß ich, auf wen ich vertraue?
▶ Lebe ich aus innerer Kraft heraus oder überlege und plane ich alles und verausgabe mich oft?

▶ Finde ich in meiner Tätigkeit Sinn und Erfüllung?

▶ Fühle ich mich im Leben gut aufgehoben?

▶ Fühle ich mich oft von meiner Intuition geleitet?

▶ Empfinde ich innere Ruhe und inneren Frieden in mir selbst?

▶ Kann ich dem Leben rückhaltlos vertrauen?

▶ Lebe ich mit meiner Umwelt in Einklang?

▶ Bin ich mit Menschen zusammen, die mir gut tun?

▶ Bin ich mit Menschen zusammen, die ich liebe?

▶ Tue ich meine täglichen Aufgaben mit Freude?

🗩 Die Frage hatten wir doch schon ... ist das etwa so wichtig?

Vielleicht fallen Ihnen auch jetzt wieder nach dem Lesen noch andere Fragen ein, die Sie unbewusst oder bewusst sehr beschäftigen. Bitte lassen Sie sie zu. Eventuell können Sie auch diese notieren.

🗩 Ihr trampelt ja ganz schön auf meinen Nerven rum ... Unzufriedenheit ist auch ein warmer und sicherer Mantel.

Bitte bekommen Sie kein schlechtes Gefühl, wenn die meisten Fragen Sie unruhig oder ratlos machen oder Sie vielleicht gar nichts mit ihnen anfangen können. Genau das ist nämlich der Punkt: Je weniger Sie wissen, umso besser. Es ist geradezu die ideale Voraussetzung. Je weniger voll Ihr Kopf mit Wissen ist, umso eher kann Erkenntnis aus Ihrem Innersten kommen.

Falls Sie meinen, es entsteht in Ihnen keine Erkenntnis, wird sie sich doch sehr bald zeigen, egal in welcher Lebenssituation Sie sind, egal welche Aufgabe Sie gerade zu meistern haben. Wir können ihr Raum geben, mehr ist nicht erforderlich. Sie wächst in uns, ohne unser Zutun. Es kommt lediglich darauf an, zunächst dass anzunehmen, was geschieht.

🗩 Jetzt kommt schon wieder eine „kleine" Meditation ... na hoffentlich hilft's ...

Geführte Meditation: Ankommen – Die Situation ganz annehmen

Ich setze mich an einen stillen und geliebten Platz. Ich nehme mir 15 Minuten Zeit. Ich verbinde mich mit dem Stuhl, auf dem ich sitze. Ich spüre, ob sich meine Füße mit dem Boden verbinden. Ich sitze gerade, aber entspannt. Ich richte meine Augen nach innen. Ich spüre meinen Atem, spüre dankbar mein Ein- und Ausatmen, ohne es willentlich zu verändern.

Ich spüre den Stress des Tages und der Woche und lasse mein Unwohlsein oder mein Wohlsein ganz zu. Ich spüre in die körperlichen Verspannungen hinein und beobachte, ob sie sich nach und nach auflösen. Wenn sie sich nicht auflösen, nehme ich das ganz an.

Ich lasse die vorherigen Fragen auf mich einwirken. Ich brauche Sie nicht noch einmal zu lesen, sondern spüre dem Gefühl nach, dass ich beim ersten Lesen hatte.

Ich kann meine unangenehmen und meine angenehmen Gedanken gleichermaßen zulassen. Ich brauche sie nicht zu verdrängen und halte sie nicht fest.

Ich lasse mein Argumentationskonstrukt vorüberziehen wie Wolken am Himmel.

Wenn ich Angst habe, furchtsam bin oder mich starke Emotionen durchfluten, lasse ich es ganz zu: Versagensängste, die Furcht zu scheitern, tatsächliches Scheitern, Planungslosigkeit, Sinnlosigkeit, Zielverfehlung, Unglück, Schuldgefühle und Kontrolle – alle Gedanken und Gefühle sind erlaubt, alles darf sich äußern, nichts ist tabu. Ich schütze mich nicht, versuche nichts zu verdrängen, verteidige mich nicht. Ich spüre meine Verkrampfungen, spüre, ob ich zerrissen bin und spüre, ob ich innerlich leer oder übervoll bin.

Habe ich Angst vor einem Problem, einer Situation, einer Herausforderung? Empfinde ich Ausweglosigkeit, Zuspitzung, Stress? Fühle ich mich ein einer Krise, bin ich ausgebrannt, bekomme ich Angst und Panik? Empfinde ich gar nichts mehr? Bin ich ängstlich oder freudig? Bin ich müde oder voller Energie? Bin ich deprimiert oder aufgeregt? Empfinde ich Schmerz oder fühle ich mich wohl? Empfinde ich Ausweglosigkeit oder Hoffnung? Bin ich traurig oder empfinde ich Freude?

Weiß ich nicht, wie ich in einer Situation reagieren soll? Weiß ich nicht, was ich tun oder sagen soll? Ich suche keine Lösung, ich versuche innerlich nicht zu fliehen, für einen Moment suche ich keinen Ausweg. Alles darf so sein, wie es ist.

Es darf so sein, wie es ist.

Ich bin nicht gut oder schlecht, oben oder unten, weiß oder schwarz. Ich bewerte und verurteile nicht, sondern beobachte alles, was sich gerade äußert, und lasse es vorüberziehen. Ich lasse mich selbst ganz zu.

Ich bleibe ganz bei mir und suche keine Lösung, Entscheidung oder Schuld – weder im Innen noch im Außen. Ich beobachte, ob ich mich mit meiner Umwelt verbinde und mich ihr zugehörig fühle. Ich nehme alles an, was ist.

Ich verbinde mich mit dem, was ist. Ich nehme an, was ist, auch wenn es unannehmbar ist. Ich muss es nicht beschönigen. Ich muss mich nicht verteidigen. Ich höre auf zu retten. Ich kann Erfüllung oder Scheitern ganz zulassen, muss mich nicht verteidigen, muss nichts retten, muss nicht argumentieren. Nichts muss logisch sein. Alles darf sein, wie es ist.

Ich verbinde mich mit dem Leben. Ich spüre, was um mich herum ist. Ich erlöse mich von dem, was eigentlich sein sollte. Ich werde innerlich frei. Ich bin ganz bei mir. Ich sehe, dass alles vorhanden ist, was ich brauche. Ich bin vollständig.

Ich danke dem Leben, dass ich gut aufgehoben bin.

Ich akzeptiere ganz die Situation und meinen Ist-Zustand: Ich nehme mich ganz an.

Ich danke mir dafür, dass ich mir selbst eine Insel sein kann. Ich danke mir für die Zeit und Aufmerksamkeit, die ich mir gebe. Ich danke mir dafür, dass ich mich zulasse.

Ich zähle bis drei. Bei drei kann ich meine Augen öffnen und darf mich räkeln und strecken.

Häufige Erfahrungswerte

Das ist der zweite und wichtigste Schritt der Veränderung: das völlige Annehmen der Situation, wie sie ist, egal wie sie ist. Einmal zu allem ja sagen – anerkennen, dass es so ist, wie es ist.

Das hat nichts damit zu tun, alles hinzunehmen, zu akzeptieren und zu bejahen. Es hat damit zu tun, zur aktuellen Situation ganz ja zu sagen und sich ganz mit ihr zu verbinden. Ja, es ist so, ich kann mich nicht dagegen wehren – und ich brauche es nicht.

Ich erlebe diesen Moment völlig präsent, ohne nach einer Lösung oder Änderung zu suchen.

🗩 Ist das nicht unmöglich?

Ich lasse das völlig Unmögliche zu: Ich versuche nicht mehr, mich zu schützen oder die Situation zu retten. Das hat nichts damit zu tun, dass ich mich passiv der Katastrophe hingebe. Ich beobachte, was passiert. Der Geist beobachtet den Geist. Wie werde ich gleich reagieren, was werde ich gleich sagen?

Darin liegt eine unfassbar große Kraft. Eine Kraft, die aus uns selbst heraus entsteht, die sich aus vermeintlich schlechter Energie (z. B. dem Ärger aus einer verpatzten Situation) transformiert: wenn alles innerlich zugelassen ist, wenn auch die hinterste Ecke in meinem Gehirn nicht tabuisiert wird. Auf einmal werde ich innerlich ganz ruhig, werde mir meiner selbst (meines Selbsts) bewusst, bin einfach da und erlebe eine große innere Ruhe: Alles in mir darf sein, alles Aufgestaute darf heraus oder alle Leere darf sich outen, alle Fragezeichen dürfen sein.

Auf einmal ist meine wichtigste Kompetenz die Präsenz: das Verweilen im Augenblick. Ich muss nicht an alles denken, nichts mehr retten, mich nicht gegen alles absichern, nicht ständig auf die Uhr schauen, ob ich auch ja alles schaffe. Gibt es denn nicht mehr zu tun? Kann ich integer sein, wenn ich nichts tue, wenn ich nicht rette, was zu retten ist?

Ich bin es, wenn ich aufhöre, alles mit meinem Verstand zu steuern und zu lenken, und mein ganzes Wesen, das zu mir gehört, zulasse. Ich schneide nichts ab, füge nichts hinzu, bewerte nichts und verurteile nichts. Ich bin nur da.

Hier ist mein Wesen unverletzt, hier ist es integer, hier übernehme ich Verantwortung für das Leben, ohne für alles verantwortlich zu sein: Ja, es ist so, wie es ist, da stehe ich, so empfinde ich, das ist ein Teil von mir.

Diese Haltung der Präsenz und des Annehmens ist die Plattform für Antworten und Lösungen, die aus uns selbst heraus entstehen, im Kleinen wie im Großen.

„Der vollkommene Weg ist nicht schwierig;
nimm einfach keine Unterscheidungen vor.
Wenn du jenseits von Liebe und Hass bist,
ist alles so klar wie das helle Tageslicht."

Sengcan

Jetzt kenne ich mich gar nicht mehr aus! Aber alles andere hat auch nicht so richtig geklappt. Also was soll's ... bin gespannt auf die Auflösung des Rätsels ...

Meditative Betrachtung: Gute Aussicht

Es geht bestimmt schief

Das kann doch nicht klappen

Ich kann es nicht

Es darf nicht klappen

Ich bemühe mich

Ich bin unruhig

Hoffentlich hört es bald auf

Jemand muss mir helfen

Ich kann es nicht allein

Ich fühle mich verloren

Ich muss es sofort regeln

Ich muss mich jetzt entscheiden

Ich muss Herr der Lage sein

Ich muss mich durchsetzen

Ich muss über alles die Kontrolle haben

Ich muss alles wissen

Ich kann vertrauen

Ich weiß, dass es gut geht

Ich weiß, dass es immer auch in meinem Sinne geschieht

Ich brauche keine Angst zu haben

Ich brauche nicht zu lösen

Ich brauche nicht zu denken

Ich brauche nicht zu entscheiden

Ich brauche nicht zu wissen

Ich kann einfach bewusst sein

Es passiert das, was ich denke

Es findet statt, was ich nicht zulassen kann

Viel einfacher ist es, zu vertrauen

Es wird schon passieren

Ich brauche nur da zu sein,

brauche nur präsent zu sein

und mir selbst zuzuschauen

In Liebe

Meditative Betrachtung: Das Leben lieben

Da hat man Prinzipien

Da hat man Moral

Da hat man Ansichten

Da hat man seine eigene Meinung

Und dann kommt das Leben

Es ist, als wollte es einem alles austreiben

Die Prinzipien

Die Moral

Die Ansichten

Die eigene Meinung

Genau die Prinzipien, die man am stärksten vertreten hat,

Genau die Moral, die man am heftigsten verfochten hat,

Die Ansichten, die man am stärksten propagiert hat,

Die Meinung, die vermeintlich zu einem gehört

Werden einem am meisten um die Ohren gehauen

Mit den eigenen Prinzipien wird man am stärksten konfrontiert

Die eigene Moral wirft man selbst am schlimmsten über den Haufen

Die eigenen Ansichten werden einem selbst zur Falle

Die eigene Meinung straft einen selbst am meisten Lügen

Warum lieben wir nicht einfach

Uns und die anderen

Und können sehen, dass jeder auf seinem Weg ist

Mit seinen eigenen Schwierigkeiten zu kämpfen hat

Und es für ihn mühsam ist

Und hofft, dass die anderen ihn verstehen

Und ihm ein bisschen Liebe schenken

Warum tun wir es nicht einfach?

Das Leben l(i)eben.

Job to go

Sagen Sie einen Tag lang innerlich zu allem, was Ihnen widerfährt, „Danke" – bis Sie es annehmen können.

3. Tag: Vertrauen --
Wie man sicher landet

Vor allem im Berufsleben herrschen oft Konkurrenzdenken und die Stimmung vor, dass Vertrauen naiv sei. Dabei wird vorausgesetzt, dass Vertrauen etwas ist, das sich entwickelt, das man haben kann oder nicht, je nach dem, wie die äußeren Umstände sind.

In manchen Firmen bekommt man einen „Vertrauensvorschuss", der sich dann „rechtfertigen" muss oder einen in „Misskredit" bringt. Vertrauen wird von Kontrolle flankiert – und ist damit kein echtes Vertrauen mehr, sondern eine Wahrscheinlichkeitsrechnung, bei der sich vermutlich jeder unwohl fühlt. Es geht zu wie auf der Bank, wo ich Darlehen bekomme, etwas anlegen kann oder einen Kredit zurückzahlen muss.

Manche haben vielleicht das Gefühl, vom Leben enttäuscht worden zu sein und sehen keine Möglichkeit, sich ganz anzuvertrauen, oder sie möchten analysieren, wo in ihrer Kindheit etwas schief gelaufen ist, weil sie nicht vertrauen können. Das kann durchaus sinnvoll sein.

Viele sehen Vertrauen als etwas Passives an, dass sich im Laufe einer Beziehung, sei es beruflich oder privat, entwickelt oder ausbleibt. Es stellt sich dann ein, wenn ich jemanden lange kenne und bisher keine negativen Erfahrungen mit ihm oder ihr erlebt habe. Ich glaube dann zu wissen, wie er tickt. Das ist eigentlich weniger Vertrauen als vermeintliches Wissen. Trotzdem bin ich letztendlich nicht davor gefeit, dass auch nach vielen Jahren eine große Enttäuschung auf mich wartet. In der Summe ist Vertrauen also nichts anderes als eine Wahrscheinlichkeitsrechnung mit einem Schuss Intuition. Das ist eine sehr statische Vorgehensweise, in der ich die Realität beobachte und sie nicht selbst gestalte.

Eine andere Frage jedoch ist: Ist Vertrauen nicht eine ganz aktive Energie, mit der ich eine bewusste Entscheidung für mein Leben treffe, zunächst unabhängig von äußeren Umständen? Die äußeren Umstände mögen hinderlich sein, aber mit meiner Haltung entscheide ich mich auf einer höheren Ebene dafür, wie der jetzige und nächste Moment meines Lebens verlaufen sollen.

Ich kann mich täglich neu entscheiden. Welche innere Haltung will ich für den Rest meines Lebens einnehmen?

Es geht nicht um Glauben oder Überzeugung, Vertrauen ist letztendlich eine Entscheidung. Es geht nicht um Richtig oder Falsch, sondern um Ausprobieren und Erfahren – aber aus ganzem Herzen. Es ist eine Haltung für mein Leben, die eine große Kraft hat.

> Ist damit etwa gemeint, dass in Zukunft alles gut geht und ich jedem vertrauen kann?

Das wäre tatsächlich sehr naiv! Vielmehr geht es um eine Haltung, die darüber steht, sozusagen eine Meta-Haltung:

„Ich vertraue darauf, dass das Richtige geschieht, was es auch sei."

Oder: „Ich weiß, dass das Richtige geschieht."

Oder: „Möge das Richtige geschehen."

Dahinter steht: Selbst wenn ich gemobbt werden sollte, den falschen Menschen vertraut habe, meine Stelle verliere oder sich meine Entscheidungen als falsch herausstellen, wenn ich verlassen werde oder mein Haus oder meine Firma abbrennt: Letztendlich weiß ich, was zu tun ist im Sinne einer guten Wendung und Weiterentwicklung in meinem Leben, auf die ich vertrauen kann. Das kann mir große Ruhe und Zuversicht schenken. Ich mache mich unabhängiger von den äußeren Umständen und wie sie scheinen und finde Ruhe in mir selbst. Das hat eine geradezu wundersame Kraft für mein Leben.

💬 Dafür muss ich wohl etwas von meinen Vorstellungen, was passieren darf und was nicht, loslassen?

Ich öffne mich dafür dem Bewusstsein, dass ich gut im Leben aufgehoben bin und dass das Leben für mich da ist. Ich bin aufgehoben im Netzwerk des Lebens. Nicht durch Vermeiden und Verschließen kann ich Schlimmes vermeiden, sondern durch weites Öffnen meines Bewusstseins kann es durch mich hindurch fließen. In diesem Moment dürfen wir das Wunder erleben, dass das Leben tatsächlich für uns arbeitet, Leere sich von selbst füllt, Aufgaben sich „von selbst" lösen, Sorgen sich in Luft auflösen oder wir wissen, was als Nächstes zu tun ist und sich Nichtwissen in Wissen verwandelt.

💬 Passieren jetzt Wunder oder was soll das sein?

Es entsteht eine unmittelbare Energie, die durch uns fließt, weil wir sie lassen. Wir lassen zu, dass das Leben durch uns hindurch fließt. Ich verbinde mich mit dem Leben.

Vielleicht sind wir manchmal traurig, weil wir Abschied von Menschen, liebgewordenen Gewohnheiten oder Aufgaben nehmen müssen. Aber wir haben Teil am Fluss des Lebens, der uns letztendlich unserer Erfüllung zuführt, wenn wir es zulassen. Es gibt eine Lösung, wenn wir darauf vertrauen.

Dadurch lebe ich mich ganz selbst, mein Ego genauso wie mein Selbst, ich werde Teil der Welt, ohne mich zu verlieren, ohne mein Ego aufzugeben. Mein Ego ist nun Teil der Welt, nicht mehr der Mittelpunkt. Dadurch wird mein Leben leichter, denn das Ego sieht, dass es nicht über alles die Kontrolle behalten muss, sondern dass für es gesorgt ist, und das es durchaus seine Funktion behält: seine verkörperten Erfahrungen, Umstände und Zufälle in eine gute Richtung zu lenken und damit einen winzigen Teil des Universums zu formen, wie ein Mosaiksteinchen, dass eine unverzichtbare Aufgabe im Ganzen hat.

Das ist eine Entscheidung für mein Leben, die ich treffe und bedeutet eine unfassbare Freiheit und Energie. Ich entscheide selbst über mein Leben, ich gestalte die Realität mit. Das ist eine dynamische Vorgehensweise. Es ist die Feststellung: Was ich innen denke, hat auch Anteil am Außen, also daran, wie sich meine Lebensumstände entwickeln. Damit kann ich nicht Trauer oder Verlust verhindern, sondern auf der Metaebene erlebe ich, dass sich für alles eine gute Richtung und eine Lösung ergeben, jenseits von meinem Ego. Ich darf mich im Leben gut aufgehoben fühlen.

In dem Moment, in dem ich mich bewusst für Vertrauen entscheide, geschieht eine Wendung der Situation: Ich höre auf zu retten und verbinde mich mit dem großen Ganzen. Eine vermeintlich negative Situation erhält eine Wendung, wenn ich der negativen Energie nicht noch schlechte Energie hinzufüge (indem ich z. B. durch Wut und Angst Vertrauen entziehe), sondern in Präsenz – ganz im gegenwärtigen Augenblick verweilend – eine Haltung dafür einnehme, dass das Richtige geschieht. Ich setze schlechter Energie gute entgegen.

Der Unterschied ist: Ich höre auf, aktiv an der Situation selbst herumzudoktern, an der ich wahrscheinlich sowieso nichts mehr ändern kann, und begebe mich auf die Metaebene des Vertrauens. Mit dieser Energie vernetze ich mich mit dem Leben, ich lasse das Leben in mich hinein und durch mich hindurch fließen. Ich gebe meine Kontrolle ab und tausche sie gegen Vertrauen aus.

Hier können wir oft eine tatsächliche Wendung im Außen erleben, wie wir sie sonst nicht erwartet hätten. Wir erleben, dass wir eine Situation plötzlich aus einem ganz anderen Blickwinkel wahrnehmen, dass sie eine unerwartete Wendung nimmt oder dass das befürchtete Ergebnis gar nicht eintritt.

Die größten Atheisten wissen, wenn sie in sich gehen, dass sie auf irgendetwas vertrauen. Es ist manchmal sehr beeindruckend zu sehen, wie viel Vertrauen da ist.

💬 Aber das wird ja wohl in der Wirtschaft und im beruflichen Dasein nicht gelebt! Das soll ich jetzt ändern? Was habe ich denn davon?

Bei vielen meiner Klienten kann ich hier eine Wendung zu einer inneren Ruhe entdecken, die sie selbst trägt und häufig genug nicht mehr verlässt: Kein naives und zu Passivität führendes Vertrauen, sondern ein aktives Vertrauen in das Leben als bewusste Entscheidung mit einer selbst tragenden Energie, die von ihnen selbst produziert bzw. zugelassen wird.

Es geht nämlich nicht um „Et kütt wie et kütt" (es kommt wie es kommt), oder „Et hätt noch immer jot jejange" (es ist noch immer gut gegangen), wie der Kölner sagt, sondern es geht um die Bildung von „aktiver Präsenz". Es geht darum, wie ich mit Befürchtungen, Erwartungen und Hoffnungen umgehen will.

> *„There is no way to happiness – happiness is the way."*
>
> Thich Nhat Hanh

Angst vor dem Absturz – Befürchtungen, Erwartungen und Hoffnungen

Es ist ganz natürlich, dass im Laufe eines Tages unzählige Gedanken auftauchen. Es ist, als ob ein unangenehmer Gesprächspartner uns in großer Ausdauer und schneller Aussprache ständig neue und alte Gedanken vorplappern würde – und kein Ende in Sicht.

Leider werden durch diese Gedanken auch unzählige Gefühle verursacht, und am Ende eines langen Tages haben wir uns schließlich selbst so verunsichert, dass wir gar nicht mehr merken, woher diese Grundstimmung eigentlich kommt – nämlich aus unserem eigenen

Kopf. Dies vermischt mit den aktuellen Ereignissen, denen unser „Dieter" natürlich nicht eine schnelle Bewertung versagt hat – und schon können wir uns vom Hausarzt je nach Veranlagung Beruhigungs- oder Aufputschmittel verschreiben lassen.

Die Verwirrung kommt aus uns selbst – äußere Umstände sind bestenfalls hinderlich oder förderlich. Der Grundgedanke ist, dass wir alles selbst leisten müssen und unser Kopf ständig Fragen, Befürchtungen und Hoffnungen an uns heranträgt, mit denen wir auf Dauer völlig überfordert sind.

Das sind die kleinen täglichen Fragen, die uns so verunsichern.

 Ist das nicht ganz normal? Was kann man denn da ändern?

Stattdessen können wir auch die großen Fragen einmal beantworten und uns für die Antworten entscheiden, die zu uns passen. Die Folge ist, dass wir auf die kleinen Fragen eine große Antwort haben und nicht jede einzelne neu entscheiden müssen.

Dann beobachten wir „Dieter", hören ihm zu oder nicht und lassen uns nicht mehr aus der Ruhe bringen – sondern bleiben präsent im Augenblick, beobachten ihn wohlwollend und geben die Antwort schon im Voraus: Es ist unsere neue innere Haltung.

Was sind denn die großen Fragen?

Fragen über Fragen: Wo ist bloß die Landebahn?

▶ Ich fühle in mir nach, was das Wort „Vertrauen" für mich bedeutet. Wie fühlt es sich an?

▶ Wo fühle ich es?

▶ Welche Reaktionen löst es in mir aus?

- Werde ich sicher oder unsicher?
- Was für eine Sicherheit oder Unsicherheit ist das?
- Kann ich das zulassen?
- Kann ich mir zuhören, was sich in mir regt, ohne es zu bewerten?
- Kann ich mich dafür entscheiden, zu vertrauen?
- Worauf will ich in Zukunft vertrauen, auch wenn ich nicht weiß, was geschehen soll?
- Wo fließt meine Energie? Fließt sie, wenn ich auf mich vertraue, fließt sie, wenn ich mich mit dem ganzen Sein, dem Universum und dem Leben verbinde oder fließt sie, wenn ich auf das Göttliche vertraue?
- Welche Entscheidungen stehen in meinem Leben an?
- Was macht mich unsicher? Was macht mich zuversichtlich?
- Was sind meine heimlichen Leitsätze?
- Was spornt mich an, was blockiert mich?
- Kann ich die Kontrolle in meinem Leben aufgeben?
- Bin ich wütend oder ruhig? Bin ich glücklich oder traurig?
- Tue ich meine täglichen Aufgaben mit Freude?

> Schon wieder diese Frage ... Scheint so, als ob das der Sprit des seelischen Lebens wäre.

Ich höre mir zu, welche Antworten sich in mir bilden. (Das kann ich in jeder Situation meines Lebens tun).

Hier kann ich Verantwortung für meine Gedanken übernehmen. Das, worauf ich vertraue, unterstützt mich. Wenn ich auf nichts vertraue, kann mich auch nichts stützen. Welche seelischen Wurzeln habe ich dann? Bis jetzt habe ich bei den schärfsten Atheisten irgendeine Form von Vertrauen entdeckt.

Dadurch, dass ich mir dessen bewusst werde, kann sich das Ego mit dem Selbst, können Verstand und Intuition, Intelligenz und tiefe Weisheit sich zu einer Einheit verbinden. Auf einer höheren Ebene wachsen die bunten Lebensfäden, die bildlich gesprochen lose von der Decke herunterhängen, zu einem dicken Seil zusammen und bilden eine starke, tragfähige Einheit. An diesem Seil kann ich mich festhalten.

Während aber vorher oft scheinbar sinnlose Lebensfäden herumhingen, passt jetzt auf einmal alles zusammen. Wenn ich einen Teilbereich meines Lebens betrachte, ist er für sich betrachtet oft nicht sinnvoll. Wenn ich aber das Ganze sehe, ergibt es auch eine Einheit, und zwar eine sinnvolle.

> Ist das etwa der rote Faden – pardon – das rote Seil in meinem Leben? Klingt nicht schlecht ... oh je, ich soll doch nicht mehr bewerten. Aber ich kann mich freuen ...

Vielleicht hat das ganze Leid des Lebens vor allem den einen Sinn: dass es mich an diese eine Stelle führt, an der ich erkenne, dass ich nicht mehr leiden muss, weil alles vollständig vorhanden ist.

Es geht nämlich nicht mehr darum, dass im Außen alles perfekt und stimmig sein soll, sondern darum, dass ich sehe, dass im Innen nichts fehlt und ich nicht von äußeren Umständen abhängig bin, sondern von meiner eigenen inneren Einstellung – und sich dadurch auch das Außen wendet. Ich kann Verantwortung für meine persönlichen äußeren Umstände übernehmen in dem Wissen, dass ich sie mit beeinflusst habe.

Das ist vielleicht zunächst manchmal sehr traurig, aber diese Traurigkeit verbindet mich mit meiner Seele, und ich werde mit mir selbst (meinem Selbst) verbunden. Dort gibt es eine tiefe Einsicht in das Leben, die mich von allem befreit, aller Schuld, aller Last, und mir bleibt die positive Verantwortung, das Leben mit meiner Energie in die richtige Richtung laufen zu lassen. Meine Emotionen, Gedanken und Gefühle, also meine zugelassene Energie, sind relevant dafür, wie sich mein persönliches und berufliches Umfeld entwickeln.

Danach muss nicht mehr dringend etwas geändert werden, sondern es treten andere Personen, Aufgaben und Umstände in Ihr Leben – vor allem aber eine neue Sichtweise und Verbindung mit dem Leben.

> *„Hoffnung ist nicht die Überzeugung,*
> *dass etwas gut ausgeht, sondern die Gewissheit,*
> *dass etwas einen Sinn hat, egal wie es ausgeht."*
>
> Václav Havel

Geführte Meditation: Vertrauen

Ich setze mich zehn Minuten an einen Ort, an den ich mich zurückziehen kann, der ruhig und abgeschieden ist. Ich verbinde mich mit dem Stuhl, auf dem ich sitze. Ich spüre, ob sich meine Füße mit dem Boden verbinden. Ich sitze gerade, aber entspannt. Ich richte meine Augen nach innen.

Ich schaue auf mich selbst: Bin ich verspannt oder entspannt? Bin ich ruhig oder unruhig? Vielleicht bin ich rastlos oder kann mich ganz einlassen, eventuell bin ich gut gestimmt oder hänge meinen Gedanken nach. All das kann ich zulassen, ohne mich von meiner Beobachterposition zu entfernen.

Ich beobachte wiederum meinen Atem und verbinde mich mit ihm. Ein, aus, ein, aus ... Atme ich schnell oder langsam, tief oder flach? Wenn sich mein Atem verändert, weil ich ihn beobachte, kann ich auch das zulassen. Ich spüre dankbar in meinen Atem hinein.

Ich bin ganz bei mir.

Ich nehme präsent die Situation wahr, in der ich bin.

Ich beobachte, ohne zu werten.

Wenn ich Angst habe, kann ich sie ganz zulassen.

Ich lasse alle Gedanken, Gefühle und Emotionen zu.

Ich lasse den ganzen Schmerz zu. Ich verbinde mich mit dem Schmerz. Der Schmerz ist ein Teil von mir. Ich gehe durch den Schmerz hindurch.

Ich lasse meine Kontrolle für einen Moment ganz los.

Ich mache mir bewusst, worauf im Leben ich vertraue.

Ich lasse zu, dass sich bedingungsloses Vertrauen in mir bildet.

Wenn ich nicht vertrauen kann, tue ich so, als ob ich es könnte.

Ich kann zulassen, nicht zu wissen, was ich tun soll.

Ich lasse zu, dass das Richtige geschieht.

Ich höre auf, Fragen zu stellen.

Ich höre auf, Antworten zu suchen.

Ich höre auf zu lösen.

Ich höre auf zu leisten.

Ich höre auf, gut zu sein.

Ich muss nichts erreichen.

Ich muss nichts retten.

Ich werde ganz still und bin ganz bei mir.

Ich spüre in mich hinein, wie sich mein Vertrauen anfühlt.

Ich spüre, was das Vertrauen in mir bewirkt.

Ich vertraue ganz meinem Vertrauen.

Ich spüre, ob sich mein Schmerz auflöst.

Ich lasse meinen Schmerz im Vertrauen los.

Ich weiß, dass das Richtige geschieht.

Ich höre zu, welche Antwort sich in mir bildet.

Ich erfahre den nächsten Schritt.

Ich handle aus mir selbst heraus.

Ich danke mir für die Zeit und Aufmerksamkeit, die ich mir schenke. Ich danke mir dafür, dass ich mich zulasse.

Ich zähle bis drei. Bei drei kann ich meine Augen öffnen und darf mich räkeln und strecken.

Häufige Erfahrungswerte

So bekommen Probleme einen ganz anderen Charakter: Eigentlich sind sie dazu da, um bewusst in sie hineinzufühlen, sich mit ihnen zu verbinden und sie dann loszulassen. Probleme sind Widerstände, und Widerstände produzieren Widerstand. Es ist wie der Stock im Wasser, der den Fluss im Lauf nur behindert (Charlotte Joko Beck).

Ich kann nur noch einmal betonen, dass es nicht darum geht, Lebensprobleme wegzudenken. Sondern es geht darum, dass Probleme nicht auf der Ebene gelöst werden, auf der sie entstehen (Albert Einstein).

Darum ist häufig unsere wahre Aufgabe, präsent im Augenblick zu verweilen, ihn bewusst wahrzunehmen und sich ganz mit ihm zu verbinden.

Alles Frustrierende darf sein, alle Unzufriedenheit kann zugelassen werden. Angst, Hass, Stolz und Gier dürfen sein, sie sind nicht tabu. Sie sind negative Energie, die ich innerlich zulasse und in die ich hineinspüren kann. Ich muss mein Verlangen nicht mehr besiegen, aber ich folge ihm nicht. Ich muss auch nicht mehr „gut" sein.

Im Vertrauen kann ich diesen Schmerz zulassen, in ihn hineinfühlen und mich ganz mit ihm verbinden. Ich lasse mich von ihm nicht forttragen. Hier geschieht das Wunder der Transformation: Angst und alles andere wird zu meinem Freund, weil sie Energie ist, die ich in die richtigen Bahnen lenke. Ich brauche keine Angst vor der Angst mehr zu haben.

Vertrauen und Angst schließen sich nicht aus, sie können sich ergänzen oder nebeneinander bestehen wie zwei Bahnen einer Straße. Aber ich entscheide, in welche Richtung ich fahre, auch wenn die andere Fahrbahn in meinem Gesichtsfeld ist. Genauso ist es mit anderen Emotionen:

Ich lasse sie zu, spüre sie, aber lasse mich von ihnen nicht mehr forttragen. Ich lasse zu, dass sie sich in mir transformieren. Der Schmerz negativer Energie wird in mir transformiert, wenn Schmerz für mich nicht mehr tabu ist, wenn Emotionen nicht mehr als gut oder schlecht bewertet werden. Schmerz ist nichts Schlechtes, wenn ich ihn zulassen kann. Dann bewirkt er das tägliche Wunder in mir: Die Energie des Schmerzes verändert meine Gedanken und Gefühle, die Energie wird transformiert. Ich verändere mich nicht mühsam, sondern transformierte Energie verändert mich und damit meine Umgebung. Die schlechte Nachricht: Das erfordert Disziplin, die ich wiederum in der Präsenz finden kann. Auch da versagen willentliches Anstrengen und Denken in Konzepten. Präsenz finde ich im Vertrauen, weil ich im Vertrauen alles andere loslassen kann.

Mir ist es nie gelungen, ins Nichts loszulassen, sondern ich konnte nur im Vertrauen auf etwas loslassen. In diesem Loslassen erkenne ich auch, dass ich selbst das Leiden loslassen kann und meine Gedanken und Gefühle lediglich beobachte. Sie bekommen die Bedeutung, die ich ihnen geben will. Sie haben Auswirkung, soweit ich ihnen folge. Das ist meine freie Entscheidung. Auch in der Beobachterposition formiert sich mein Innerstes. Im völligen Zulassen …

> 💬 Das heißt wohl beobachten, ohne zu bewerten? Das nimmt ja kein Ende hier. Aber das muss ich wohl zulassen.

… der Situation, meiner Gedanken und Gefühle richtet sich meine Energie von selbst auf das, worauf es ankommt. Ich entscheide mich für Vertrauen. Dann bleibt mein Ego draußen und es kann etwas Sinnvolles in mein Leben treten, das allem und allen gerecht wird, ohne Erwartungen von mir oder anderen zu bedienen.

Gerade hat eine Wespe in unserer Küche mit all ihrer ihr zur Verfügung stehenden Kraft versucht, durch das Glas des Küchenfensters zu fliegen. Ich habe dann das Fenster geöffnet, um sie herauszulassen. Selbst als sie schon am Rahmen saß, hat sie noch nach vorne gekämpft und ist eher versehentlich oben nach draußen weggerutscht, während sie mit aller Kraft nach vorne wollte.

Manchmal ist es wichtiger, sich im Vertrauen auf das Unbekannte zu öffnen als mit aller Macht in die Richtung des Verstandes zu laufen (fliegen) und eine Lösung zu suchen. Die Lösung ist schon da, wir können sie nur häufig nicht sehen. Das gilt auch und gerade bei großer Angst, wie sie die Wespe sicherlich hatte.

Meditative Betrachtung: Vertrauen

Nicht wissen, was man tun soll

Und nachher passt doch alles zusammen

Nicht wissen, ob man den richtigen Weg eingeschlagen hat

Und nachher war er es einfach

Nicht wissen, ob man sich völlig verrannt hat

Und am Ende führten alle Weg zum Ziel

Nicht wissen, ob man wirklich unrecht hat

Und am Ende ging es gar nicht um Richtig oder Falsch

Nicht wissen, ob man es im Leben zu etwas bringen wird

Letztendlich ist man schon mehr, als man werden kann

Nicht wissen, ob man in Einsamkeit enden wird

Und am Ende war man eins mit allem

Nicht wissen, ob man sein Geld an der falschen Stelle ausgegeben hat

Und am Ende war immer genug da

Nicht wissen, ob man in seinem Leben zu viel verlassen hat

Und am Ende ist doch jeder seinen Weg gegangen

Nicht wissen, ob man in seinem Leben zu viel verletzt worden ist

Und am Ende wird alles in Liebe eins

Nicht wissen, ob man seine Fähigkeiten im Leben genutzt hat

Und am Ende ging es nur darum, dass man sich auf den Weg gemacht hat

Nicht wissen, ob man nützlich für das Leben war

Und am Ende ging es doch nur darum, etwas auszuprobieren

Nicht wissen, ob man vertrauen kann

Und am Ende ging es doch nur darum, dass es kein Richtig oder Falsch gibt

Das Leben ist ein Prozess.

Und wir sind gut darin aufgehoben

Darauf vertraue ich.

Meditative Betrachtung: Dankbarkeit

Ich bin dankbar für meinen Weg

Wenn ich weggespült werde

Und dann wieder auftauche

Sehe ich, dass es zum Weg gehörte

Ich habe ihn nicht verloren

Nur gesehen habe ich ihn nicht mehr

Weil eine Welle mir die Sicht genommen hat

Der weglose Weg

Wird erst dadurch zum Weg

Dass man ihn geht

Rückblickend kann man ihn erkennen

Niemals vorausschauend

Das innere Navigationssystem hat kein Display

Was für ein Glück

Dass ich nicht alles im Voraus weiß

Dass ich da bleiben kann, wo ich bin

Vertrauend auf den nächsten Augenblick

Er wird das Richtige für mich bringen

Leider sieht es nicht immer so aus

Leider ist es nicht immer ein Trost

Für manche klingt es wie Hohn

Für manche habe ich keine Antwort

Und doch führt letztlich alles zum Guten

Auch das Schlechte

Kann vor dem Guten nicht bestehen

Wenn wir Anteil am Schlechten haben

Sind wir auch Teil des Gut-Werdens

Vielleicht unser einziger Trost

Bei sehr schweren Wellen

Danke sagt das Leben

Danke, dass du es für mich ausprobiert hast

Danke, dass du es für mich erlitten hast

Danke, dass ich an deinen Erfahrungen teilhaben darf

Danke, dass ich am Leben teilhaben darf

Danke, dass ich es für das Leben ausprobieren darf

Danke, dass ich für das Leben da sein darf.

Danke

Question to go

Was ist die innere Plattform, auf der Sie stehen können, egal ob es innerlich (!) regnet, schneit oder die Sonne brennt?

lassen, kann das Leben in mich hinein und aus mir heraus fließen, ganz ohne Vorstellung, wie die Wirklichkeit zu sein hat. Das geht auch, ohne andere vor den Kopf zu stoßen und seinen Job zu verlieren.

Und siehe da: Wir brauchen gar keine Rolle zu spielen, sondern unser inneres Wesen, tiefer als unsere Intuition, weiß sehr genau, was gut für uns ist: Wir werden jeder Situation gerecht, aber eben nicht allein im Außen, sondern auch im Innen.

Hier findet echte Veränderung statt, die wir nicht forcieren müssen. Sie geschieht einfach, und wenn im Außen tatsächlich ein Bruch stattfindet, dann geschieht er auf eine Weise, die allem Rechnung trägt und letztlich alle nach vorne bringt, weil wir aus unserem ganzen Wesen heraus – und nicht allein vom Verstand her – ganzheitlich reagiert haben. So eine Reaktion kann gar nicht schädlich für uns oder andere sein, weil sie aus einem tiefen Urwissen heraus erfolgt – wenn wir uns unserer selbst (unseres Selbsts) sicher sind.

Dabei geht es nicht um Richtig oder Falsch, um Oben oder Unten, um Besser oder Schlechter. Es geschieht eine Reaktion, die man gar nicht vorher benennen oder überlegen kann, sondern wonach klar ist: Das ist die Lösung.

Deswegen ist die Problemlösung nur allein auf der Verstandesebene eine statische Angelegenheit: Sobald sich die äußeren Bedingungen ändern, ist die bisherige, sicherlich gut durchdachte Vorgehensweise des Tuns, Handelns und Denkens hinfällig, da sie aus Informationen der Vergangenheit heraus entstanden ist, anstatt sich ganz in der Gegenwart für eine vielschichtige Lösung zu öffnen.

Hier wandelt sich innere Führung zu äußerer Führung. Hier werde ich meiner Verantwortung gegenüber dem Leben, meiner Aufgabe und meinen Kollegen, Mitarbeitern und mir gerecht.

Es wird nämlich klar, dass es gar nicht mehr darum geht, zwischen mir und den anderen zu unterscheiden, mich für oder gegen etwas zu entscheiden, faul oder fleißig zu sein, sondern darum, das zu tun, was ansteht, unabhängig von meiner momentanen Position.

Das ist sehr ansteckend für andere, weil es nicht mehr um Vorteil oder Nachteil geht, um Egoismus oder Nächstenliebe, sondern darum, in aller Präsenz aus sich selbst heraus zu handeln: Es geht um ein spirituelles Bewusstsein innerer Führung.

Das sind Werte, wie ich sie verstehe: nicht für alles noch mehr Regeln, Gebote und Verbote aufzustellen, sondern innere Führung aus sich selbst heraus zu erleben. So kann ich mich und andere effektiv führen. So kann ich wirklich Verantwortung für das Leben übernehmen. So werde ich dem ganzen Menschsein gerecht.

Die Basis der inneren Führung ist ausgerechnet das Zulassen unseres Nichtwissens. Etwas wirklich Neues entsteht, wenn wir innerlich zulassen können, nicht zu wissen (ganz leer werden) und uns damit ganz verbinden. Für manche ist das wie ein Eingeständnis der eigenen Inkompetenz. Für viele ist es eine große Entlastung: Ich muss es nicht wissen. Eigentlich ist das schon die Lösung. Das heißt nicht, den Verstand außer Acht zu lassen, sondern unser ganzes Wesen mit einzubeziehen, also auch, aber eben nicht allein den Verstand. Da ist noch unsere Intuition, das Netzwerk des menschlichen Urwissens oder unsere Verbindung zum ganzen Sein. Wie wir es auch nennen wollen: Letztlich sind wir eine große Einheit, untrennbar miteinander verbunden. Wenn wir unser ganzes Wesen annehmen als Teil eines großen Netzwerkes und uns innerlich ganz zulassen, können auch ganzheitliche Lösungen entstehen, die etwas Neues schaffen.

💬 Hört sich super an. Aber wie funktioniert das?

Für mich stellt sich die Frage, mit welchem Bewusstsein wir weiter durchs Leben gehen wollen. Haben wir das Bewusstsein, dass wir uns anstrengen, gut sein, brav unsere Rollen spielen und Klischees bedienen müssen? Oder haben wir das Bewusstsein, dass wir ein erfülltes Leben führen und in schwierigen Situationen wachsen können? Dann können wir, egal wie herausfordernd die äußere Situation ist, adäquat darauf reagieren und brauchen uns nicht zu verbiegen. Bei meinen Klienten erlebe ich: Je mehr sie den Mut haben, zu ihren eigenen Zielen, Visionen und Werten zu stehen, umso erfolgreicher werden sie. Das ist scheinbar verrückt. Sobald sich die innere Einstellung ändert, ändert sich auch etwas im Außen. Es ist nicht umgekehrt. Wenn ich mich den äußeren Anforderungen anpasse, werde ich nicht automatisch im Inneren glücklich.

Sturm oder Flugwetter: Wo ist der Wettermacher?

Die Wahrheit ist das, was wir für die Wahrheit halten. Glauben wir daran, dass das Leben schwer ist und man sich anstrengen muss, um es zu etwas zu bringen, ist das auf eine bestimmte Art und Weise bestimmt richtig.

Glauben wir daran, dass das Leben leicht ist und wir alles auf uns zukommen lassen können, werden wir sicher genügend Beispiele dafür finden.

Glauben wir daran, dass allein der Glaube uns rettet, werden wir im Glauben Frieden finden. Glauben wir daran, dass wir uns lediglich auf uns selbst verlassen dürfen, werden wir darin jeden Tag bestätigt werden.

Glauben wir daran, dass wir nur Glück finden, wenn wir anderen Gutes tun, werden wir sicher ein guter Mensch. Glauben wir daran, dass wir das Leben möglichst ausgiebig genießen sollten, wird Genuss unser Lebensthema sein.

Wenn wir meinen, dass alles im Leben Konsequenzen hat und das Prinzip Ursache und Wirkung gilt, werden wir das bestimmt herleiten können.

Sobald wir meinen, dass alles so ist, wie es ist, gibt es auch dafür kaum ein Gegenargument.

Glauben wir daran, dass wir unsere Rolle(n) im Leben finden sollen, wird das Leben aus einer bestimmten Perspektive heraus klarer und einfacher sein. Glauben wir daran, dass alles im Leben im Voraus festgelegt ist, werden wir uns nicht mehr viele Gedanken machen müssen.

Alles ist richtig, nichts ist falsch? Vermutlich ergeben alle Ansichten zusammen die tatsächliche Antwort oder es ist das große Schweigen ...

💬 ... Aber das kann sich wohl kaum einer vorstellen ...

... Wir können aber in es hineinhören ...

💬 Wow! Und wie geht das bitte?

Auf einmal sind der Verstand und die Meinungsbildung außen vor. Wir können nämlich statt einer Haltung des Suchens, Findens und Meinens eine Haltung des Empfangens einnehmen.

Wir können innerlich zuhören und uns für das öffnen, was gerade um uns herum geschieht. Wir können unser Bewusstsein öffnen und uns mit dem Ganzen um uns herum verbinden. Wir werden eine Einheit mit ihm – Innen und Außen werden zu einer Einheit.

Wir hören auf, an unseren Überzeugungen festzuhalten und beginnen stattdessen zu erfahren. Wir tun nicht mehr willentlich, sondern empfangen wie ein Kelch, der gefüllt wird.

Jetzt kann etwas wirklich Neues geschehen, weil wir nichts mehr glauben, nichts mehr wissen, nichts mehr meinen und aufhören zu agieren. Wenn doch, beobachten wir es, ohne uns mit Glauben, Wissen, Meinung oder Tun zu identifizieren.

Wir spüren in die Stille hinein. Wie fühlt sich das an, die Angst vor Kontrollverlust, die Anerkennung des Nichtwissens, der Verlust von

Ego-Autorität? Vermeintlich unangenehme Gefühle können transformiert werden, wenn wir sie zulassen und uns ganz mit ihnen verbinden. Sie sind unsere Freunde, wenn wir sie vorbehaltlos in uns wirken lassen. Tut es weh? Lassen Sie es wehtun!

Danach fühlen wir uns freier und erleichtert. Wir sind einfach, und es könnte nicht besser sein. Das Leben geschieht von selbst.

Ich weiß leider nicht mehr, von wem ich es gehört habe und wer es gesagt hat: „Das Gedicht ist eigentlich schon fertig, mir fehlen nur noch die Worte auf dem Papier."

Übung: Klare Sicht oder Blindflug?

Bitte stellen Sie sich nun eine wiederkehrende Situation vor, vor der Sie Angst haben oder die wiederholt nicht so läuft, wie Sie es gerne möchten.

Was haben Sie bis jetzt vor oder bei Eintreten dieser Situation getan?

Haben Sie sich gut vorbereitet? Haben Sie sich Sorgen gemacht? Haben Sie sich gefürchtet?

 Also meistens bin ich ganz gut vorbereitet, aber meine Sorgen und Befürchtungen haben sich trotzdem bewahrheitet: Die Situation ist wieder nicht so gelaufen, wie ich es gerne wollte ...

Jetzt möchte ich Ihnen einen Vorschlag machen: Bitte nehmen Sie die Haltung ein und öffnen ihr Bewusstsein dahingehend, dass aus der Perspektive des Ganzen das „Richtige" in der Situation geschieht. Es geht also nicht darum, dass Ihr Ego möglichst stark befriedigt wird, sondern dass sich der Sachverhalt so wendet, dass wirklich eine grundlegende Verbesserung eintritt.

Das wendet sich nicht wirklich gegen das Ego, Sie brauchen es nicht zu verleugnen, sondern es gibt Lösungen, die allen anwesenden oder betroffenen Egos gerecht werden. Alles andere verfängt sich in unserem Denken des Entweder-Oder: Was ich habe, kann ein anderer nicht haben. Was ein anderer hat, kann ich nicht haben. Das ist die Realität, die wir selbst mit dem Verstand statisch konstruieren und sie führt dazu, dass wir manchmal das Gefühl haben, uns jetzt endlich mal durchsetzen zu müssen. Schon das Gefühl ist sehr kraftraubend und hat scheinbar viel Energie. In Wirklichkeit ist dieses Durchsetzen ein Papiertiger, der umknickt, sobald im Außen etwas Härteres dagegen steht.

 Das kommt leider bei den besten Vorständen vor.

Wie wäre es mit: „Ich öffne mein Bewusstsein, für das, was geschehen will"? Das hat eine unmittelbare Kraft, die in mir selbst ist, in die ich hineinspüren kann und die mir Antworten gibt, die ich mit dem Verstand nicht sehen kann. Das Wesentliche unseres Lebens geschieht auf der Ebene des Bewusstseins, nicht auf der Ebene des Tuns und des Durchsetzens oder Taktierens. Deswegen treten Lösungen manchmal zeitverzögert und leise ein, aber es gibt eine Antwort.

Wenn ich darauf nicht vertrauen kann, dann tue ich mal so, als ob ich vertrauen könnte. Das ist erlaubt, und Sie werden sich über das Ergebnis wundern.

Auf dieser Metaebene finden laufend sehr bewusste Entscheidungen statt, die ich jeden Moment aufs Neue treffen kann, unabhängig von der Vergangenheit meiner Person oder der Vergangenheit einer Situation; auch unabhängig von Wissen und Wahrscheinlichkeit.

Hier gestalten wir unsere Welt selbst, hier erleben wir im Außen, was wir im Inneren gedacht und geschaffen haben – auch wenn es unbewusst war.

Mit dieser Haltung entscheiden wir uns auch dafür, mit welchen Gedanken und Gefühlen wir uns identifizieren wollen. Emotionen, Gedanken und Gefühle kommen und gehen, wir können sie durchziehen lassen und wir können auf sie aufspringen, dann werden sie zu Energie. Oder wir fühlen in sie hinein, dann transformieren sie sich und werden ebenfalls zu Energie.

Es ist wie mit dem Fernsehen oder mit einem Video: Nur die Filme, für die wir uns entscheiden, sehen wir uns an. Alle anderen sehen wir bestenfalls in der Vorschau. Und so sind Gedanken auch zunächst Trailer, und wir wollen mehr davon oder lassen sie danach unberührt (ungesehen).

Genauso können wir unseren eigenen Film produzieren, unabhängig davon, was uns vorgegeben wird. Wir können uns für ein Bewusstsein öffnen, das hilfreich für uns ist. So ist es z. B. unterstützend, für eine bestimmte Situation bewusst zu entscheiden, mit welchem Geist ich in sie hineingehen will. Dabei geht es nicht darum, der Held und Hauptdarsteller zu sein oder sein eigenes kleinliches Ergebnis zu sichern, sondern um eine gute und sinnvolle Zusammenarbeit, um einen positiven Austausch oder Ähnliches.

Vor allem geht es darum, mit dieser Haltung völlige Offenheit für das Ergebnis zu erlangen, aber die Art des Ergebnisses ist klar: Es passiert auf jeden Fall etwas Gutes, Notwendiges und Sinnvolles – womit letztendlich sogar das Ego zufriedengestellt wird, denn es entdeckt, dass es sich nicht künstlich hervorheben muss und dadurch viel Anstrengung und Aufregung spart.

Wir bleiben auf der Metaebene des Bewusstseins, aber mit der To-Do-Ebene verbunden. So können wir uns selbst beim Sprechen und Tun zusehen. Wir hören auf, uns zu verausgaben und bewusst zu leisten.

 Ist das nicht der viel beschworene „Flow", der in der Einheit von Körper, Geist und Seele stattfindet?

Hier findet wahre Effektivität statt, weil sie von innen heraus kommt, ohne sich im Außen zu verbrauchen.

Für die äußere Effektivität, die so viel in Unternehmen eingefordert wird, verwende ich gerne die Redewendung „Effektivität ist Sünde".

(Das sollte eigentlich der Titel meines ersten Buches werden. Nach dem verständlichen Veto des Verlages heißt es nun „Sinnfindung im Beruf"). Diese Effektivität ist anstrengend, sie hat nichts mit dem zu tun, was uns ausmacht, sondern hat mit der To-Do-Ebene zu tun. Und sie verschwendet unser wahres Wesen, weil es um Leistung geht und der Verstand befriedigt wird – es wird keine ganze, sondern eine Schmalspurleistung erbracht, die zu Schmalspurergebnissen führt: Vielleicht kann ich meinen Job retten, aber nicht meinen Lebenssinn. Oft genug entfremde ich mich von meinem privaten Leben oder ich merke gar zu spät, dass ich nicht mehr auf der richtigen Stelle bin (siehe Beispiele im Abschnitt „In welcher Arbeitswelt leben wir eigentlich?).

Job to go

Welches Bewusstsein will ich für die nächste Situation, den kommenden Tag, mein ganzes Leben einnehmen?

Geführte Meditation: Sich öffnen

Ich setze mich wieder zehn Minuten an einen Ort, an den ich mich zurückziehen kann, der ruhig und abgeschieden ist. Ich verbinde mich mit dem Stuhl, auf dem ich sitze. Ich spüre, ob sich meine Füße mit dem Boden verbinden. Ich sitze gerade, aber entspannt. Ich spüre dankbar in meinen Atem hinein.

Ich werde präsent und nehme ganz bewusst wahr, was um mich herum und in mir geschieht.

Ich sehe alle Freude und alles Leid, außerhalb und in mir.

Alles darf sein, nichts ist tabu, ich verdränge nichts.

Ich beobachte, ohne zu bewerten.

Ich verbinde mich mit mir selbst.

Ich verbinde mich mit dem, was um mich herum ist.

Ich verbinde mich mit dem, auf das ich vertraue.

Wenn ich nicht vertrauen kann, lasse ich auch das zu – und vertraue.

Ich verbinde mich mit meiner Energie.

Ich nehme die Haltung ein, dass der nächste Moment, der kommende Abend, der kommende Tag, dass mein Leben gut verläuft.

Ich spüre in mein Anliegen hinein. Wie fühlt es sich an?

Ich vertraue meinem Anliegen und bin bereit, gegebenenfalls dazu zu stehen

Ich bin bereit dafür, mein Bewusstsein für eine Lösung zu öffnen.

Ich suche mit dem Verstand keine Lösung.

Ich gehe bewusst in mein Nichtwissen hinein: „Ich muss es nicht wissen".

Ich lasse alle äußeren Zwänge zu und werde innerlich frei.

Wenn ich mich nicht frei fühle, kann ich auch das zulassen – und werde frei.

Ich öffne mich dafür, eine gute Lösung zu erhalten.

Ich suche keine Lösung, sondern höre in mich hinein.

Ich strenge mich nicht an, sondern lasse meine Anstrengung los.

Ich suche keine Entscheidung, sondern werde sie in mir vorfinden.

Ich lasse alle übrig gebliebenen und neu entstandenen angenehmen und unangenehmen Gedanken und Gefühle zu. Ich gehe vorbehaltlos in sie hinein und lasse zu, dass sie sich auflösen und Teil meiner Lösung werden.

Ich werde mir klar darüber, dass ich im Innen Anteil am Außen habe.

Ich suche keine Schuld im Außen und übernehme für alles Verantwortung, ohne schuldig zu sein.

Ich verzichte darauf zu analysieren und entscheide mich für Heilung.

Ich vertraue darauf, dass das Richtige geschieht.

Ich lasse mich selbst zu.

Ich danke mir für die Zeit und Aufmerksamkeit, die ich mir schenke. Ich danke mir dafür, dass ich mich zulasse.

Ich zähle bis drei. Bei drei kann ich meine Augen öffnen und darf mich räkeln und strecken.

Häufige Erfahrungswerte

Es geht um eine Form von achtsamer Präsenz, in der ich gar nicht überlege, was als Nächstes zu tun ist. Wir können ganzheitlich führen und arbeiten und uns davon befreien, dass wir alles mit dem Verstand lösen. Der Verstand ist das Fett auf der Kette, damit alles glatt läuft. Aber er macht höchstens 15% von uns aus. Und die Intuition wundert sich, dass sie nicht angezapft wird. In uns existiert ein Wissen, das weit über unsere persönlichen Erfahrungen hinausgeht.

Mir geht es um ein tief verstandenes spirituelles Bewusstsein. Ich kann als Führungskraft und Mitarbeiter mein Ego vollkommen zurücknehmen und mich auf Mitarbeiter, Kollegen, Atmosphären und Herausforderungen einstellen und darf dabei regelmäßig erleben, dass sogar die Belange des Egos mit einbezogen und letztlich besser zufrieden gestellt werden.

Natürlich werden manchmal schnelle und harte Entscheidungen getroffen. Wenn ich sie jedoch allein mit dem Verstand treffe, habe ich ein statisches, nie ein dynamisches Ergebnis. Das Ego muss sich ständig in seiner Umwelt behaupten, und es geht um Tun, Denken, Handeln, Machen und Sollen. Es gibt aber eine andere innere Haltung, wenn wir etwas Kreatives statt Ermüdendes schaffen wollen. Kreativ und authentisch sein – innere Führung zu erleben – wird in Zukunft heißen, präsent und achtsam jeden Augenblick seines Arbeitstages sinnvoll aus sich selbst heraus zu erleben.

Ansonsten beschäftigt sich der Geist im Außen stundenlang mit Dingen, die eigentlich nichts mit ihm zu tun haben – und wird dadurch selbst gestresst, sinnleer, rechthaberisch, ängstlich oder gelangweilt. Er verschwendet seine Energie durch passives Konsumieren von schlechter Energie. Es ist, als würde die Seele den ganzen Tag lang weißes Toastbrot zu sich nehmen.

Oder unsere Gedanken produzieren sich munter selbst, es ist oft geradezu ein nicht enden wollendes Feuerwerk. Das halten wir dann oft genug für die Wahrheit. Daraus entstehen wiederum Gefühle, die weitere Gefühle produzieren und schon leben wir in unserer ganz eigenen virtuellen Welt. „Second Life" lässt schön grüßen (siehe auch Abschnitt „Zum Abheben: Raus aus Stress und Burnout").

Genauso ist es mit der Haltung, die wir für unser Leben einnehmen (siehe Übung: Klare Sicht oder Blindflug?). Meistens ist es eine passive, die aus Erziehung, alten Kindheits- und Jugenderfahrungen entstanden ist und sich durch unsere Lebenserfahrungen passiv weiterentwickelt hat.

Es ist aber unsere Freiheit, uns unabhängig von der eigenen Vergangenheit für ein neues Bewusstsein zu entscheiden. Dieses Bewusstsein geht nicht davon aus, was gewesen ist, sondern davon, was –

jetzt – sein möchte. Wir können da anfangen, wo wir gerade stehen. Dafür ist jederzeit der richtige Augenblick.

💬 Z. B. dieser Augenblick?

Aber jetzt tritt eine kleine Änderung in unser Leben: Wir agieren nicht mehr auf der To-Do-Ebene des Anstrengens, Lösens und Wollens, sondern auf der Ebene des Bewusstseins.

Wenn wir eine Haltung für etwas einnehmen, also ein bestimmtes Bewusstsein bilden, kann es sich in uns manifestieren und wir können aus uns selbst heraus handeln. Wir können erleben, wie sich die Lösung, für was es auch sei, in uns selbst bildet, ohne dass wir dafür im eigentlichen Sinne „leisten" müssten.

Die daraus folgende Handlung ist stimmig, effektiv und passt. Wir können sie nicht vorweg nehmen.

💬 Und wir brauchen wohl auch nicht mehr zu zweifeln?

Meditative Betrachtung: Nicht mehr zweifeln

Nicht mehr zweifeln

Nicht mehr zurückschauen

Nicht mehr abwägen

Tun, was man sagt

Sagen, was man denkt

Denken, was man fühlt

Fühlen, was man ist

Sein, was man tut

Die Zeit ist viel zu kurz

Um uns von unseren Bedenken leiten zu lassen

Um unseren Verstand alles vorplappern zu lassen

Das Wissen ist in uns selbst

Wir brauchen es nicht zu suchen

Wir sind mit allem ausgestattet

Es ist alles da:

Die Lösung ist existiert schon vor der Fragestellung

Wir brauchen uns nicht zu sorgen

Nur unserem Weg zu folgen

Unzweideutig und klar

Und nicht mehr zweifeln.

Meditative Betrachtung: Es ist vorbei

Ein Hauch von Licht

Ein Streif am Horizont

Ich kann es nicht glauben

Nach der dunklen Nacht

Nach der Dunkelheit des völligen Nichtwissens

Habe ich vieles verloren

Meine persönliche Sicherheit

Mein altes Selbstvertrauen

Mein Ego

Aber es ist endlich vorbei

Das ewige Nichtwissen

Das ewige Suchen

Das ewige „Auf-der-Reise"-Sein

Ich habe alles in mir

Ich brauche nicht mehr zu suchen

Etwas geht in mir meinen Weg

In völliger Sicherheit

Ohne Scheu und ohne Irrtum

Ich kann es nicht fassen

Es ist vorbei

Ich bin sehr glücklich

Eigentlich ging es schon immer meinen Weg

Job to go

Öffnen Sie Ihr Bewusstsein dafür, dass Sie im Innen Anteil am Außen haben. Möchten Sie eine Plattform für das Leben bilden oder möchten Sie weiterhin streben, tun, planen, denken, effektiv sein?

5. Tag: Loslassen – Der Lebensflug beginnt

 Was heißt Loslassen eigentlich? Ich weiß gar nicht, was das wirklich bedeutet und wie das funktioniert.

Das Wort ist viel strapaziert und schon beinahe ein Schlagwort geworden.

Der erste Schritt, den wir gemeinsam gegangen sind, war das Erkennen. Wir haben den Mut gefunden, unsere Situation, unser Erfordernis so zu sehen, wie es ist. Dafür muss man nicht objektiv sein, es reicht, seine Gefühle und seine Intuition dazu nicht zu verdrängen. Es ist aber wichtig, seine Angst zuzulassen.

Der zweite Schritt war das Annehmen (das hat schon sehr viel mit Loslassen zu tun): Ja, die Situation darf so sein, wie sie ist, wie ich sie fühle. Ich muss nichts beschönigen und nichts verdrängen. Körper, Geist und Seele können eins werden, wenn alles sein darf, wie es ist. Was für eine Erleichterung, die vielleicht größer ist, als den Sollzustand erreicht zu haben. Denn jetzt bin ich wirklich bei mir: Es bleibt der Istzustand – meine Plattform, auf der ich stehen kann, von der es weitergeht, die meine Lösung ist. Denn jetzt bin ich frei von Wünschen und Vorstellungen, die vielleicht gar nicht meine eigenen waren oder sind.

Die Sehnsucht, die jetzt noch in mir ist – bei manchem ist es das ganze Leben – …

 Ist das schlimm?

… kann in Vertrauen münden, wenn ich bereit bin, mich dafür zu entscheiden. Eigentlich lautete hier nicht die Frage, ob ich vertraue, sondern in was ich vertraue. Denn jeder Mensch vertraut, wir würden sonst keinen Tag überleben. Es kommt darauf an, sich seines Rückhalts bewusst zu werden. Meistens haben wir das Leben und unser Vertrauen voneinander getrennt. Wie viele Menschen habe ich schon getroffen, die sehr gläubig sind und „vergessen" haben, das auch in ihrem Alltag zu leben. Genauso geht es dem Heer von Menschen, das sich eigentlich im Leben gut aufgehoben fühlt, sich das aber im Alltag nicht bewusst macht – und es nicht lebt.

> Das heißt wohl, das Leben nicht für sich arbeiten zu lassen?

Die Frage war und ist, wofür ich eine innere Haltung einnehmen will. Wenn ich dem Leben vertraue, darf ich auch meinen Sehnsüchten und Wünschen vertrauen. Ich darf ihnen auch dann vertrauen, wenn es gerade ganz so aussieht, als ob sie nicht erfüllt werden können.

Und damit bin ich bei dem Bewusstsein, das ich für mein Leben – und meine Sehnsüchte – einnehmen will. Ich mache mich dazu nicht von den jeweiligen Gegebenheiten abhängig, wenngleich ich sie nicht ignoriere. Nachdem ich vor einiger Zeit in einem renommierten Diskussionsforum einen Text über „innere Führung" eingestellt hatte, wurden Bedenken laut, man müsse sich schließlich nach dem gegebenen Umfeld richten und könne nicht tun, was man wolle. Nein, kann man nicht, aber man kann ein Bewusstsein für seine Vision bilden und sich von innerer Führung leiten lassen.

Danach kommt das Loslassen. Dieses Loslassen bedeutet nicht aufzugeben, es heißt nicht „et kütt, wie et kütt" (Sie wissen schon ...).

Es heißt, ohne Anhaftung an das Ziel weiterzumachen, nämlich das, was im Moment ansteht, und sonst gar nichts. Darüber hinaus mache ich mir keine Gedanken, was ich noch alles zu erreichen habe und welche Werte und Einstellungen ich haben „sollte".

Klare Sicht – Werte und Ethik einmal anders

Auf einmal wird klar: Ich muss nicht alles wissen, ich muss nicht streben, ich muss keine Rollen suchen und entwickeln, ich entwickle nicht mühsam Werte und bemühe keine ethischen Grundlagen, wenn ich ein bisschen von meinem Ego abgeben kann. Es ist alles da, wir müssen es nicht suchen, wir sind gar nicht so wichtig. Es ist schon alles in uns vorhanden, wir haben aber die Aufgabe, es zuzulassen.

Und ich rede nicht von allen anderen, sondern von jedem Einzelnen, der bereit ist, sich darauf einzulassen. Jeder Einzelne wiederum kann sich auf andere Menschen einlassen.

Die Werte sind schon da, meine Ethik, meine Ziele und mein Streben sind in mir, und unser freier Wille ist letztendlich dazu da, dass wir uns zu uns selbst bekennen, dass wir uns selbst zulassen und finden, was sich in uns entwickeln will. Wenn wir sinnvoll, erfolgreich sein wollen, haben wir keine andere Wahl. Erfolg kann nur sinnvoll sein, wenn auch unsere innere Zufriedenheit auf Dauer wächst. Sonst entscheiden wir uns gegen uns selbst, und genau da fangen Stress und Burnout an.

Wir finden unsere Werte und unsere Ethik auf einer höheren Ebene: indem wir uns dazu bekennen, dass wir Teil eines Netzwerkes sind, dass wir im Grunde empfangen statt entwickeln, dass unsere Aufgabe darin besteht, präsent und achtsam eine Schale für das Leben zu bilden, in die es hineinfließen kann.

Armes Ego, und doch ist es eine ungeheure Erleichterung. Ich muss nicht alles wissen, aber ich kann eine Plattform für das Leben bilden. Das ist meine Lebensaufgabe, hier finden die Begriffe Disziplin, Verantwortung, Integrität und Authentizität eine völlig neue, eine sinnerfüllende Bedeutung.

Hier erleben wir innere Führung, hier geschieht spirituelles Reden, Handeln und „Denken". Hier handelt es sich um spirituelle Intelligenz. Es geschieht etwas in uns, das wir zulassen können und das uns nicht in die Irre führt. Unsere Aufgabe ist es, dies zuzulassen und ihm zu folgen. Es ist nicht allein die innere Stimme in uns, die sagt „Tue das oder mache jenes", sondern wir erleben innere Führung, die uns bewegt. Auch das beobachten wir lediglich. Sobald wir den Verstand einsetzen, sind wir wieder auf der To-Do-Ebene.

Wie oft habe ich schon unlogische Dinge getan, wusste nicht warum, und später erkannt, dass mir ein Wissen zu Verfügung steht, auf das ich keinen verstandesmäßigen Zugriff habe.

> Soll ich meinen Verstand etwa ganz außen vor lassen?

Ich nutze ihn, um meine innere Führung zuzulassen und sie zu begleiten. Er ist das Fett auf der Kette, damit alles glatt läuft.

Aus dieser Haltung heraus erlebe ich mein Leben als sinnvoll: Ich lasse alles Streben und Wollen los und öffne mich für den Moment, der hier und jetzt geschieht. Etwas anderes gibt es nicht, es ist stets der jetzige Moment, es ist stets die jetzige Situation.

Aus dieser Haltung heraus gibt es keinen kleinlichen Egoismus und keine Anarchie, weil ich Frieden und Erfolg da finde, wo ich gerade bin: im Hier und Jetzt, im achtsamen Erleben des Augenblicks, allein oder im Zusammenwirken mit anderen. Ich kann nicht glücklich werden, wenn ich spüre, dass es auf Kosten anderer geschieht. Das ist in völliger Präsenz schlechterdings nicht möglich.

Es geht also nicht darum, dass wir uns in ethischen und Werte-Diskussionen ereifern oder gute Menschen werden. Es geht nicht darum, das Richtige zu glauben oder der richtigen Partei anzugehören.

Es geht um etwas viel Schwierigeres: unserem Inneren zu vertrauen, uns selbst zuzulassen und dabei zu erleben, wie wir aus uns selbst heraus in einem (!) Netzwerk sinnvoll im Zusammenhang mit anderen agieren. Es geht um Präsenz. Das ist unsere echte Verantwortung dem Leben gegenüber. Hier entsteht aus innerer Führung spirituelle

Intelligenz des Redens, Handelns und „Denkens". Alles andere ist Ego-Aufrechterhaltung, die irgendwann an sich selbst scheitert.

 Die Mühe können wir uns wohl sparen?

Ich kann endlich aufhören zu denken, dass ich etwas erreichen oder dass stets etwas getan werden muss, dass es also nie reicht. Nicht, dass ich nichts mehr tun würde, sondern dass es ohne willentliche Anstrengung geschieht. Es geschieht auch nicht von selbst, aber es geschieht aus mir selbst heraus – Burnout ausgeschlossen. Wahrscheinlich ist, dass ich jetzt viel mehr „schaffe". Aber das Wort passt nicht mehr zu mir.

Es kehrt ein Stück Ruhe ein, es passiert etwas Unbedingtes, das Teil von mir wird und mich unwiderruflich mit dem Ganzen verbindet, direkt oder indirekt.

Man kann sehr schön beobachten, dass aus dem willentlichen Erledigen von Aufgaben eigentlich stets neue Aufgaben entstehen. Genauso ist es mit der Beantwortung von Fragen, die mich beschäftigen: Aus einer Antwort entstehen meist direkt wieder neue Fragen. Das heißt nicht, dass ich auf die verstandesmäßige Bearbeitung meines Berufsalltags verzichten soll.

Aber beim präsenten „Geschehen-Lassen" von Ereignissen gibt es erledigte Aufgaben und Antworten auf Fragen, die mich ein Stück weiterbringen und nicht so viel Ungelöstes zurücklassen. Das Leben wird innerlich einfacher.

Hier entstehen Werte und Ethik, die ich nicht suche, sondern die sich in mir entfalten wollen. Hier entsteht spirituelle Intelligenz, die zuzulassen meine größte Verantwortung dem Leben gegenüber ist.

Verdammt, warum reicht der Sprit nie?

Innere Einfachheit ist das Gegenteil von einem komplizierten Leben. Kompliziert ist unser Leben, wenn wir von Beruf und Privatleben gleichermaßen überfordert sind und froh sein können, den Tag zu überleben.

Kompliziert ist es auch, wenn wir so viele Interessen oder Verpflichtungen haben, dass wir gar nicht wissen, wofür wir uns entscheiden sollen.

Kompliziert ist es ebenfalls, wenn wir ständig in einem Gewissenskonflikt stehen, was wir tun möchten und was wir tun sollen. Folgende Widersprüche treten häufig auf:

- ▶ Schwierige Arbeitssituation und persönlicher Erfolg
- ▶ Karriere und inneres Gleichgewicht
- ▶ Karriere und Sinnkrise
- ▶ Kreativität und Rentabilität
- ▶ Vertrauen und Kontrolle
- ▶ Effektivität und innere Ruhe
- ▶ Verantwortung für sich selbst und andere
- ▶ Wirtschaftliches Denken, Vernunft und Intuition
- ▶ Erfordernisse in der Arbeit und eigene Überzeugung

Es geht in nicht erster Linie darum, die äußeren Umstände zu ändern. Auch da geht es schon wieder los: Was soll ich zuerst ändern? Es geht auch nicht darum, alles so sein zu lassen wie es ist: „Es wird sich schon alles einrenken." Das meine ich nicht.

Wir können aber in unserem Leben sinnvoll zuerst von unserer inneren Plattform aus handeln, von der Metaebene. Wir können das erleben und beeinflussen, was gerade geschieht. Aber dieses Mal haben wir die bewusste Wahl. Wir können aktiv agieren und uns bemühen, alles richtig und perfekt zu machen, oder aber fest auf unserer Plattform stehen und innerlich nur „sein". Das heißt, uns bewusst dabei zu erleben, was wir tun. Wir müssen gar nichts entscheiden, wir lassen es geschehen. Wir müssen nicht wissen. Wir müssen nicht retten. Aus dieser Haltung heraus geschehen Entscheidung, Wissen und Rettung, weil wir uns endlich Platz gemacht haben. Dafür brauchen wir die Entscheidung für unbedingtes Vertrauen, für unbedingten Raum unseres Selbsts. Und dann können wir endlich loslassen.

Auf diese Weise stehen wir dauerhaft an einem Punkt, stetig bei uns selbst. Wir verzetteln uns nicht in alle Himmelsrichtungen, sondern sind einfach da. Hier geschieht das tägliche Wunder. Hier fängt das Leben an, für uns zu arbeiten. Hier kommt das Leben auf uns zu. Hier sind wir vernetzt, hier ist es aufregend statt anstrengend. Hier verlieren wir das, was uns behindert. Hier gewinnen wir das Leben. Wir dürfen unser Ziel aus den Augen verlieren.

Nur für Profis: Den Blindflug üben

Meine Gedanken und Gefühle, meine Verzweiflung und Angst dürfen sein, ohne dass ich mich von ihnen gefangen nehmen lasse. Ich tue stets den nächsten Schritt, sonst nichts. Ich darf das große Ziel aus den Augen verlieren, und darf da sein, brauche nicht alles zu berücksichtigen, was zur Erreichung dessen vielleicht notwendig wäre, und nicht zu überlegen, ob ich alles richtig mache.

Ich gebe innerlich die Verantwortung ab, wenngleich ich sie nach außen habe. Ich gebe mich innerlich ganz ab. Ich lasse alles zu. Ich verliere mein Ziel aus den Augen. Ich vergesse meine Ziele.

Wichtig beim Loslassen ist, dass Fühlen und Denken strikt vom Tun zu trennen. Das heißt: Ich darf alles denken und fühlen. Ich tue aber das, wofür ich mich intuitiv entscheide bzw. die Entscheidung vorfinde und nicht das, was meine Gedanken und Gefühle mir vorplappern, sondern ich beobachte sie und lasse sie dadurch innerlich los. Ich habe sie sicherlich, aber ich bin sie nicht mehr. Wo ich auch bin, was ich auch tue, ich kann mich dadurch ein bisschen loslassen und Freiraum für innere Führung gewinnen. Das leer werdende Gefäß kann sich mit dem Netzwerk verbinden und mit Intuition füllen.

Hier gestehe ich mir ein, dass ich auch darin nicht perfekt sein muss: Schließlich ist die Königsübung, das Loslassen loszulassen. Wenn ich das Loslassen nicht spüren kann, darf ich auch das zulassen. Und schon bin ich wieder auf dem inneren Weg, in dem ich Körper, Geist und Seele dadurch in Übereinstimmung bringe, das ich mich bewusst zulasse und damit – loslasse.

Hier werden Erkennen, Annehmen, Vertrauen, Bewusstsein und Loslassen eins. Aus verschiedenen Perspektiven betrachtet sind sie eine immer während Einheit. Es ist die Einheit der spirituellen Intelligenz, in der ich mich mit allem verbinde und erlebe, dass ich in Präsenz zulassen kann, was in mir geschieht. Auch alle Fragen und Wünsche entstehen daraus, aber das Bewusstsein ist das Gleiche. Alles spirituelle Handeln, Reden und Tun kommen aus dieser einen Quelle.

Und so bin ich wieder „zurück auf dem Marktplatz". Das ist ein historisches Bild, welches in den Quellen der Mystiker oft vorkommt: Wenn ich alles neu erfahren habe, kann ich wieder in meine alte Welt zurückkehren. Außen hat sich vielleicht gar nichts geändert, innen aber ist alles neu. Außen ist vielleicht viel zu tun, innen ist eine neue Kraft entstanden, die dem Ganzen dient: Sie ist Teil des Ganzen!

Diese Kraft verbraucht sich nicht, sie ist ständig da.

> 💬 Dann bin ich wohl manchmal noch müde, aber nicht mehr abgespannt von einem schrecklichen Alltag?

In dieser Einsicht und im Bewusstsein und der Verbundenheit zu dieser Kraft kann ich alles loslassen und verliere doch nichts. Ich bin mir allem bewusst und lehne nichts ab. Ich verliere das Ziel aus den Augen, weil das Ziel schon da ist: das Eins-Werden mit der spirituellen Intelligenz, das Eins-Werden mit dem Prozess des Werdens. Die Welt ist nicht vollkommen, aber der Prozess des Werdens ist es. Ich darf meine eigene Spiritualität leben und zulassen: Ich darf aus dem Nichtwissen heraus leben.

 Und dafür gibt es natürlich wieder eine Übung ...

Geführte Meditation:
Transformation des Nichtwissens

Ich setze mich wieder zehn Minuten lang an einen Ort, an den ich mich zurückziehen kann, der ruhig und abgeschieden ist. Ich verbinde mich mit dem Stuhl, auf dem ich sitze. Ich spüre, ob sich meine Füße mit dem Boden verbinden. Ich sitze gerade, aber entspannt. Ich spüre dankbar in meinen Atem hinein.

Ich werde präsent und nehme ganz bewusst wahr, was um mich herum und in mir geschieht.

Ich begebe mich ganz in die Situation hinein.

Alles Angenehme und Unangenehme darf sein.

Ich bin nicht vorbereitet.

Ich habe keine Strategie.

Ich habe keine Lösung.

Ich vergleiche nicht.

Ich lasse meine Kontrolle los.

Ich argumentiere nicht mit mir.

Ich werte nicht.

Ich gebe mich ganz ab.

Ich kann zulassen, nicht zu wissen, was ich tun soll.

Ich kann zulassen, nicht zu wissen, was ich sagen soll.

Ich konzentriere mich nicht auf das Ziel.

Ich mache mir keine Sorgen um die Zielerreichung.

Ich habe keine Angst vor Fehlern oder Misserfolg.

Ich kann Versagen und Negativität zulassen.

Ich lasse mein Nichtwissen ganz zu.

Ich fühle in mein Nichtwissen hinein – wie fühlt es sich an?

Ist es peinlich, leer, voll, schmerzhaft, befreiend?

Ist es dunkel, verspannt, deprimiert oder leicht und erhebend?

Ich fühle ganz hinein.

Ich lasse es ganz zu.

Ich höre mir zu, was ich sage.

Ich sehe mir zu, was ich tue.

Ich bin eins mit dem Problem.

Ich bin eins mit der Lösung.

Ich bin eins mit dem Augenblick.

Ich bin dankbar.

Ich danke mir für die Zeit und Aufmerksamkeit, die ich mir schenke. Ich danke mir dafür, dass ich mich zulasse.

Ich zähle bis drei. Bei drei kann ich meine Augen öffnen und darf mich räkeln und strecken.

Häufige Erfahrungswerte

 Puh, das ist gar nicht immer so leicht, zuzulassen, nicht zu wissen. Im Alltag weiß ich schließlich immer, was zu tun ist ...

Natürlich wissen wir die großen und kleinen Alltagssorgen zu meistern.

Aber wenn wir ehrlich sind, haben wir für die echten Probleme und Fragen oft genug keine Antwort. Und das ist auch nicht erforderlich. Nichtwissen ist manchmal das Einzige in unserem Leben, das wirklich wahr ist, im beruflichen wie im privaten Bereich, wenn es um Entscheidungen geht, um die Gestaltung der Zukunft oder das Leben der eigenen Berufung.

Allein im Zulassen des Nichtwissens liegt eine unfassbare Kraft.

Hier entsteht häufig eine Ent-Spannung, wie sie sonst von selbst nicht leicht herbeizuführen ist. Aus dieser Haltung des völligen Lösens von dem, was sein müsste und sollte, bekommen wir einen klaren Blick für das, was ist. Daraus kann tatsächlich Neues entstehen, weil wir aus der Beobachterposition, ohne zu bewerten, offen und empfänglich werden für das, was entstehen will. Wir öffnen unser Bewusstsein. Wir machen in uns Platz für das Leben.

Unser Ego kann entdecken, dass es nicht alles wissen und lösen muss, dass es noch etwas anderes gibt, das für uns arbeitet. Ein bisschen Demut kann dabei nicht schaden.

 Und dann kann Freude entstehen ...

Wir werden nämlich frei davon, dass irgendetwas geschehen müsste oder wir unbedingt etwas tun müssten, und bekommen vielleicht eine Ahnung davon, dass das Richtige passiert, auch wenn es nicht so aussieht. Das kann uns eine große Freiheit verschaffen, eine innere Freiheit, die uns von den scheinbaren Erfordernissen des Tages ein wenig unabhängiger macht. Vielleicht erleben wir, dass wir vollständig sind, so wie wir sind. Vielleicht erleben wir, dass alles in uns vorhanden ist und nichts fehlt. Vielleicht erleben wir, dass wir selbst der Widerstand in unserem Leben sind. Vielleicht erleben wir, dass Wissen loszulassen eine geradezu orkanartige Kraft hat, die sofort eintritt – wenn wir sie lassen. Und jetzt stehen wir sicher auf der Plattform unseres eigenen Lebens und sehen, wie wir uns von selbst entfalten (wie sich unser Selbst entfaltet) ...

... und vielleicht machen wir die Erfahrung, dass man Loslassen nicht festhalten kann. Und schon befinden wir uns wieder im ersten Kapitel des Buches. Samsara lässt schön grüßen! Aus einer bestimmten Sichtweise ist das auch der Kreislauf des Lebens. Ich kann daran nichts Schlechtes erkennen, denn dadurch entsteht Neues, dadurch entstehen wir selbst. Das ist unser Leben. Hier sind wir zuhause.

Meditative Betrachtung: Loslassen

In Kontakt mit sich selbst kommen

Nicht alles mit dem Verstand erfassen müssen

Nicht aktiv, sondern präsent sein

Das kleine Ich ablegen und Eintauchen in das Große

Den Geist leer werden lassen

Gedanken vorbeiziehen lassen

Es gibt nichts zu holen

Es gibt nichts zu fürchten

Es gibt nichts zu steuern

Aber ich kann den Weg frei machen für etwas Neues:

Wesentlich werden

Bewusst sein

Geistesruhe entwickeln

Einsicht gewinnen

Intuition entdecken

Vertrauen finden

Lösungen entdecken

Entscheidungen wachsen lassen

Aus dem Nichtwissen heraus handeln

Liebe als elementare Kraft des Daseins entdecken

Meditative Betrachtung: Stille

Eigentlich gibt es nichts zu sagen

Es ist alles so, wie es ist

Es ist weder schlecht noch gut

Nur dass wir es nicht so sein lassen können

Etwas so sein lassen zu können

Hat eine tiefe Kraft

Es transformiert alles

Jeden unserer Gedanken und Gefühle

Jede Empfindung hat Platz und Raum

Und wird zu Energie

Wenn wir sie so lassen, wie sie ist

Und dann geschieht es

Ansonsten gibt es eigentlich nichts zu sagen

Nur Stille

Job to go

Hören Sie einen Tag lang auf, etwas erreichen zu müssen. Viel Freude!

---

6. Tag: Berufung neu oder eine neue Berufung finden – Sitze ich im richtigen Flieger?

Viele Menschen befinden sich heute in einer Situation, wie wir sie uns nicht besser wünschen können. Weil sie sich nicht mehr vor der Beantwortung der Frage drücken können: Will ich noch weiter so leben und mich ständig bis zur Erschöpfung verausgaben? Oder will ich endlich aufhören, eine Rolle zu spielen? An dieser Wegzweigung entscheiden wir jeden Moment unseres Lebens neu, ob wir durchhalten oder uns trauen, einen authentischen, uns gemäßen Weg zu gehen. Das ist eine Riesenchance, auch wenn es sich zunächst sehr unangenehmen anfühlt.

Ich habe in vielen Branchen gearbeitet und mich jahrelang ständig gefragt, ob ich mich gerade richtig oder falsch verhalte. Eigentlich war es ständig falsch, bis ich angefangen habe, aus mir selbst heraus zu handeln. Umgekehrt habe ich auf meinen Arbeitsstellen darunter gelitten, dass ich manchmal mit Menschen zu tun hatte, bei denen ich das Gefühl hatte: „Das ist der/die gar nicht." Ich habe mich oft überredet, trotzdem zu vertrauen, und bin natürlich auf die Nase gefallen. Letztlich haben viele das Problem: Kann ich meinem Gegenüber glauben oder nicht? Jeder möchte vertrauen und angstfrei kreative Leistungen vollbringen können.

Menschen gleichen innen und außen automatisch ab. Wenn eine Differenz zu spüren ist, wirke ich unecht und kann unter Druck gesetzt werden, weil keine innere Freiheit besteht. Eine Rolle hinkt der Wirklichkeit jederzeit hinterher. Kaum habe ich mich ihr angepasst, wird schon wieder eine neue von mir erwartet. Nicht zuletzt die Finanzkrise hat wieder gezeigt, was passiert, wenn Menschen ihrer zugewiesenen oder selbst übernommenen Rolle gemäß handeln. Wenn ich auf diese Weise kurzsichtig denke, geht es danach auch meinem Umfeld schlechter. Hochs und Tiefs werden häufig auf ähnliche Weisen angegangen, die vielleicht zu 50 Prozent funktionieren. Und schon kommen wieder Unternehmensberater ins Haus, die vermeintlich neue Konzepte (und Rollen) verkaufen, mit denselben alten Lösungen. Das Gewollte wird vielleicht erreicht oder nicht, aber in beiden Fällen entsteht keine dauerhafte Zufriedenheit: Die Suche geht weiter.

Wenn ich mein Bewusstsein öffne, habe ich eine langfristige Wertschöpfung auf allen Ebenen. Ich wirke auf diese Weise verantwortungsbewusst und kann auch in schwierigen Zeiten meine Werte beibehalten. Ansonsten steckt die Logik dahinter: Der Job ist nur dazu da, Geld zu verdienen. Die Konsequenz ist, dass niemand mir und ich niemandem glauben kann: In der Wirtschaft fallen immense Kosten für Burnout und Frührente an.

Viele, die zu mir in die Beratung kommen, klagen darüber, dass sie diesen Spagat zwischen Rolle und Persönlichkeit nicht mehr bewältigen können. Ich behaupte: Es ist auch gar nicht notwendig. Was uns so schwer fällt, ist, dass wir ständig gegen unsere eigene Kraft ankämpfen, die uns vielleicht an den inneren oder äußeren Ort führt, wo Neues entsteht, wo sich eine Leistung entfalten kann, die tatsächlich effektiv ist, weil sie aus mir selbst kommt und nicht durch Druck aus mir herausgepresst wird.

Wir haben unseren Weg in uns. Innere Führung kann geweckt werden. Es ist keine Zauberei, sondern kann auf sehr einfache Weise geschehen. Wir brauchen Mut, uns darauf einzulassen. Wir bekommen eine neue Sicht auf die Dinge und lernen mit leichten Übungen und Meditationen, uns auf uns selbst zu besinnen. Mehr braucht es nicht. Wer es einmal entdeckt, den wird es nicht mehr loslassen. Sie haben bereits damit angefangen.

Das Schöne ist, dass wir dabei nichts verlieren, vielleicht unsere eigene Unzufriedenheit, alles andere gewinnen wir wieder zurück. Karriere und inneres Gleichgewicht sind auf einmal keine Widersprüche mehr. Innerlich ankommen oder auf zu neuen Ufern? Hier wächst beides auf wunderbare Weise zusammen. Mit dieser Einstellung können wir unsere Berufung, Visionen und anstehenden Entscheidungen entdecken statt suchen. Alle drei finden auf der gleichen Ebene, nämlich der Öffnung unseres Bewusstseins, statt. Hier wachsen sie zu einer Einheit zusammen. Wenn wir sie am Reißbrett erzwingen, werden dauerhaft zufriedenstellende Lösungen ausbleiben.

Oft sehen wir unsere verschiedenen Lebensfäden (Kindheit und Erziehung, Ausbildung, Lebenssituation, Erfahrungen, Kenntnisse und Fertigkeiten, Visionen und Werte) und wissen nicht, wie sie sinnvoll zu einer Einheit zusammengefügt werden können. Aber alle Fäden zusammen geben ein starkes Seil, das uns festhält. Wir brauchen unsere ganze Lebenserfahrung, um unsere ganze Berufung zu (er)leben.

Viele, die zu mir kommen, bringen statt eines geraden Lebenslaufes häufig ein Puzzle mit, bei dem die Teile angeblich nicht zusammenpassen. Diese Befürchtung hat sich noch nie bestätigt. Es geht darum, die Teile richtig zusammenzusetzen.

Habe ich das Bewusstsein, dass alles schwer ist und ich nirgendwo anecken darf? Oder habe ich das Bewusstsein, dass ich ein erfülltes Leben führen kann? Habe ich genug Vertrauen in das Leben, dass ich das, was ich kann, irgendwo sinnvoll einbringen kann? Heute, hier und jetzt und im unangenehmsten Job kann ich anfangen, ein anderes Bewusstsein für mein Leben zu bilden. Die Veränderung beginnt genau dort, wo ich gerade bin, unabhängig davon, ob ich eine Lösung, eine Entscheidung oder eine Vision brauche.

Wir dürfen dienen, geben und verantwortlich sein. Dies sollte aber nicht aus dem Verständnis der Verpflichtung und Rolle heraus geschehen, die wir auszufüllen pflegen, sondern aus einem authentischen Verständnis von liebendem Mitgefühl heraus – auch uns selbst gegenüber – ohne etwas erreichen oder retten zu müssen.

Und dann entsteht das tägliche Wunder: Statt in den Kategorien von Für und Wieder, Angriff und Verteidigung, Anpassung und Widerstand oder Gut und Schlecht stehen wir auf unserer inneren Plattform und entdecken, was wir wirklich beitragen können – und manchmal leider auch, dass wir an der Stelle eben nichts mehr beitragen können. Hier wachsen die großen und kleinen Dinge des Lebens zusammen. Der erste Schritt sind die Erkenntnis und das Annehmen der Situation und dessen, was ich beitragen kann (nicht was ich erreichen sollte). Wir lernen, mit den täglichen vermeintlichen und echten Endstationen umzugehen.

> *„Der Berufene sucht auch Dinge,*
> *die sich erzwingen lassen, nicht zu erzwingen,*
> *darum bleibt er frei von Aufregung.“*

> Zhuangzi

Flugsicherheit: Überwindung von kleinen oder großen Hindernissen

Hier geht es gleichermaßen um die Bewältigung von kleinen und großen Problemen im Alltag, Führungsprobleme und Arbeitslosigkeit oder um das Scheitern von Visionen. Es geht um den schwierigen Umgang mit Menschen genauso wie um berufliche und private End-stationen. Die Karriere kann beendet sein, eine Partnerschaft kann für immer zu Ende sein.

Das alles ist doch nicht das Gleiche? Natürlich ist es das nicht, aber es unterscheidet sich hauptsächlich durch den Grad der Verzweiflung und Traurigkeit, den Druck und die Leere, die wir innerlich spüren.

Wie oft meinen wir, dass, wenn etwas zu Ende geht, alles schlechter oder weniger wird. Zunächst mag das auf der äußeren Ebene stim-men. Aber ich habe bei meinen Klienten noch nie erlebt, dass auch der schmerzhafteste Verlust uns *auf der spirituellen Ebene, also innerlich,* nicht mindestens einen Schritt weiter bringt.

💬 Natürlich nur, wenn wir es zulassen, oder?

Und dann passiert außen etwas Neues.

Gerade bei den größten Verlusten erfahren Menschen nach der Leid-Phase häufig eine innere Bereicherung. Je mehr wir äußerlich aufgeben müssen, umso mehr sind wir gezwungen, den Blick nach innen zu richten; ich würde sagen, umso mehr werden wir frei, den Blick nach innen zu richten. Dort erkennen wir nämlich, dass alles vorhanden ist und nichts fehlt.

Wir müssen nichts beweisen, wir müssen nichts leisten, und es geht trotzdem weiter.

Ich weiß aus persönlicher Erfahrung, dass in manchen Fällen ganz erhebliche Trauerarbeit zu leisten ist, Verbündete im Leid gefunden werden und viele Menschen durch die völlige Nacht der Verzweiflung und des Nichtwissens gehen.

Mein ältester Klient, ein einsamer Rentner, der ganz und gar „pleite" und völlig verzweifelt war, hat wieder eine neue, große Aufgabe gefunden und persönlich eine neue Lebensform in einer Gemeinschaft, die sich durch eine gemeinsame Grundhaltung verbindet – und eine neue Liebe entdeckt. Gerade bei diesem Beispiel konnte man sehr schön sehen, dass die völlige berufliche und private Endstation, das totale und unwiderrufliche Scheitern im Leben zu nichts anderem da war, als Platz für etwas ganz Neues – und Großes – zu schaffen.

Wie oft halten wir an etwas Vergangenem mit allen Mitteln fest und verhindern dadurch das Neue, das schon da ist, aber von uns noch nicht gesehen werden kann. Deswegen kann uns gerade das äußere völlige Scheitern zu dem führen, was uns innerlich entspricht.

Bei alltäglichen beruflichen Problemen müssen wir natürlich nicht alles gleich als vergänglich ansehen. Dabei kann diese Grundhaltung sicher nicht schaden. Es ist nämlich nichts anderes als die innere Haltung des Loslassens.

Es ist die Entscheidung zu treffen, ob wir darauf vertrauen, dass das Richtige passiert und wir ein Bewusstsein dafür bilden, dass etwas Neues, Sinnvolles und Gutes geschieht. Wir entscheiden, ob wir uns innerlich ganz abgeben und ein Bewusstsein für etwas bilden, das schon lange da ist: unsere eigene Sehnsucht.

Wie können wir denn anders mit Problemen umgehen?

Übung: Ein Problem, ein Problem!

Wie oft haben wir schon vor einem Problem gesessen und dachten, wir könnten es nicht lösen. Wie oft tragen wir Aufgaben mit uns herum und wissen nicht, wie wir sie lösen sollen. Oft planen wir, was alles zu tun ist, und glauben, zufrieden zu sein, wenn etwas bewältigt und erledigt ist. Meistens geht es aber dann schon weiter und oft ist die Lösung der Beginn von neuen Aufgaben. So haben wir ständig etwas zu tun und bemerken gar nicht, dass wir wie ein Esel dem umgehängten Maulkorb hinterherlaufen: Wir werden ihn nie erreichen.

Selbst wenn wir noch so gut sind, wenn wir als sehr kompetent gelten und wirklich etwas von unserem Fach verstehen: Meistens bleibt doch ein kleines oder großes Unbehagen, dass wir vielleicht doch nicht so gut sind oder dass es trotzdem nicht reicht, dass wir uns weiter anstrengen und aufzupassen haben, das nichts schief läuft ... jeder hat sicher seine eigenen Erfahrungen von Gedanken, die ständig wieder auftauchen und mit denen wir uns allzu leicht identifizieren.

Vielleicht ist es hilfreich, ein anderes Problemlösungsdenken anzuregen. Bisher ist es doch meistens so, dass aktiv eine Lösung – oft bis zu einem bestimmten Zeitpunkt – herbeigeführt wird. Es werden im beruflichen und privaten Bereich Strategien gewälzt, Informationen gesammelt, Netzwerke bemüht, Konferenzen abgehalten, ... Daran ist überhaupt nichts Schlechtes. Ganz im Gegenteil ist das sicher ein unverzichtbarer Bestandteil und trägt zu einer Lösung bei.

Aber welche Haltung steckt dahinter? Der erste Schritt ist doch meistens: „Ich habe ein Problem und will/muss es lösen. Ich muss etwas besser machen, ich muss gut sein." Wir machen uns zu Atlas, der allein mit seinen Händen die Welt tragen muss. Damit gehen wir innerlich auf eine Insel. Es ist die Insel mit dem Namen „Kontrolle". Dort ist man zwar nicht allein, aber einsam.

Vielleicht funktioniert eine andere Haltung auch: Es ist die innere Haltung der völligen Präsenz. Ich werde mir des Problems bewusst, ich spüre in es hinein, ich lasse es ganz zu und spüre in alle Auswirkungen, die es hat und haben kann – und Punkt. Ich lasse bewusst die ganze Schwere und Bedeutung zu, vielleicht die mangelnde Zeit, die Angst vor der Nichtlösbarkeit, manchmal die Angst, dass es keine echte Lösung gibt. Ich werde mir meiner Verantwortung bewusst und lasse die ganze Schwere zu, die Vernetzung mit anderen Aufgaben, die Überschneidung von privaten und beruflichen Belangen. Kein Gefühl ist tabu (ich werde älter, ich fühle mich hilflos, bin über- oder unterfordert ...) Vielleicht entdecke ich dabei, dass der Sachverhalt auf einmal ganz winzig wird, vielleicht wird er auch größer. Wichtig ist, dass alles sein darf und ich keine Lösung suche, sondern verweile, ohne auszuweichen. Ich spüre in den Schmerz hinein. Ich lasse ihn ganz zu.

> Das ist aber ungewohnt, nicht gleich an den nächsten Schritt zu denken, sondern dort zu verweilen. Wie geht es denn ohne Lösung weiter?

Das trägt eine ganz eigene Energie in sich. Wir arbeiten nicht am Problem, sondern das Problem arbeitet in uns.

Wir bilden die Plattform und arbeiten nicht mehr am Weg. Wir kontrollieren nicht mehr die Situation, sondern sind präsent in allem, was gerade geschieht.

Wir lassen etwas Unmögliches zu: das Nichtwissen. Das bereitet den meisten meiner Klienten zunächst großes Unbehagen, bis sie entdecken, welche Leichtigkeit das haben kann: „Ich muss es nicht wissen." „Ich kann zulassen, es nicht zu wissen.". „Ich bin innerlich frei" und „Ich bin nicht schuldig" (!) sind Varianten davon. Dieses Nichtwissen können wir auch zulassen, wenn wir die Verantwortung im Außen haben und sehr wohl wissen sollten, was zu tun ist. Aber die Wahrheit ist, dass wir erst dann wirklich verantwortungsvoll handeln, wenn wir uns davon lösen, dass alles von uns abhängt – selbst wenn es so scheint. In dieser inneren Freiheit, im Leben aufgehoben und Teil eines Netzwerkes zu sein, können wir uns zum Werkzeug für eine Lösung machen und uns innerlich zur Verfügung stellen. Wir sind eine gewaltige Last los und machen uns zum Diener statt zum Herrscher der Situation. Wir erkennen demütig und zugleich erlöst, dass wir eine echte Lösung nicht selbst finden, sondern dass wir sie bewusst zulassen können. Das ist unsere wahre Verantwortung.

Wir können eine Haltung dazu einnehmen und ein Bewusstsein bilden, wie sich der Sachverhalt weiter entwickeln wird. Wir können innerlich zulassen, dass sich eine Lösung dafür ergibt.

 Gibt es dafür ein Beispiel aus dem Berufsalltag?

Ein Beispiel aus dem Berufsalltag

In einem der Konzerne, in denen ich beschäftigt war, leitete ich über einen längeren Zeitraum eine fach- und abteilungsübergreifende Sitzung, die in bestimmten Abständen stattfand und ein vorgegebenes Projektziel hatte. Man kann sich gar nicht vorstellen, was es da alles zu bedenken gab. Nachdem ich meine Mitarbeiter vor jeder Sitzung mit Detailfragen genervt hatte und mich selbst zu noch besserer Vorbereitung angespornt hatte, bemerkte ich, dass ich unsicherer wurde, je wasserdichter ich die Treffen vorzubereiten suchte. Aber das eigentliche Problem war: Je näher der fällige Termin rückte, umso mehr wichtige Teilnehmer fehlten. Eines Morgens stand ich da und sah, dass gerade die Hälfte erschienen war und wir eigentlich handlungsunfähig waren.

Ein Abteilungsleiter, dem ich in einem anderen Projekt ziemlich auf die Finger geklopft hatte, hatte kurzerhand seine Mitarbeiter abgezogen, die natürlich alle unabkömmlich waren und selbstredend in noch wichtigeren Projekten steckten.

So hätte ich jetzt permanent weiter machen können: Druck und Gegendruck, noch bessere strategische Vorbereitung, mehr Abstimmung hinter den Fronten, klare Vorgaben auf postalischem Wege ... ich hätte mich restlos aufreiben können.

Ich habe mich anders entschieden: Ich habe mich vor die Teilnehmer gestellt und aufgehört, nach Lösungen zu suchen. Ich bin ganz ruhig geworden und habe in alle Schwierigkeiten und Ungereimtheiten hineingespürt und sie zugelassen.

Ich hörte auf, eine Lösung zu suchen und war tatsächlich eins damit. Ich konnte meine Rat- und Hilflosigkeit innerlich ganz zulassen, habe ganz in das körperliche Verkrampfen hineingespürt und aufgehört zu suchen, zu lösen und zu retten: Ich war einfach da. Und es ist tatsächlich passiert: Wir konnten alle wichtigen Punkte trotzdem irgendwie klären. Es gab genügend Lösungen und fertiggestellte Aufgaben seitens der Teilnehmer. Es ging weiter und wir haben trotzdem unseren Zeitplan eingehalten. Ich habe es geschafft, auf die fehlenden Zeitgenossen nicht böse zu sein, sondern habe versucht, für ihr Verhalten Verständnis zu entwickeln, wodurch ich im Übrigen viel von meiner Energie gespart habe.

Probieren Sie es einmal aus! Dass wir auf einer höheren Ebene nicht genau wissen, was wir wie tun oder sagen sollen, ist meistens das Einzige in unserem Leben, was wirklich wahr ist – und es ist eine große Gnade, denn nun kann Intuition wirken, unsere innere Führung.

Dazu möchte ich Ihnen eine Übung vorschlagen, die ich für mich selbst entwickelt habe, als ich noch nicht wusste, dass ich einmal

Autor und Coach werden würde. Mittlerweile habe ich sie schon im Westdeutschen Rundfunk vorgestellt (siehe auch auf meiner Homepage: www.sinnfindung-im-beruf.de, Interview: „Sinnfindung im Beruf").

Für das Bodenpersonal:
Die „Schreibtischübung"

Bitte setzen Sie sich zu Beginn eines Arbeitstages, der nicht zu viele Termine mit sich bringt (zumindest beim ersten Mal der Durchführung), wie gewohnt an Ihren Arbeitsplatz, welcher es auch sei. Für die weitere Beschreibung setze ich der Einfachheit halber voraus, dass dies ein Schreibtisch ist. Der Tisch sollte möglichst leer sein.

Falls Sie sich nicht unbeobachtet fühlen können, haben Sie vielleicht den Kalender vor sich liegen oder sehen auf den Bildschirm. Ganz wichtig: Sie arbeiten nicht wirklich, sondern tun nur so.

Nun schauen Sie nach innen und spüren in sich hinein: Sind Sie müde, aufgedreht, genervt, chronisch bocklos, von Verantwortung erdrückt, vielleicht umgekehrt von Führung ausgeschlossen, können Sie die Aufgaben des heutigen Tages nicht bewältigen, fühlen Sie sich gemobbt oder machen Sie sich Sorgen um Ihre Arbeitsstelle? Fühlen Sie sich unter- oder überfordert? Gibt es weitere Tabus, die in der Firma nicht öffentlich angesprochen werden können? Fühlen Sie sich von Ihren Mitarbeitern oder Ihrem Vorgesetzten missachtet oder missbraucht?

Empfinden Sie Ihre Aufgabe als sinnlos oder schädlich für andere?

Sitzen Sie in der Falle und können es nicht ansprechen? Ist Ihr Rücken verspannt, haben Sie Kopfschmerzen oder tut Ihr Magen weh?

Alles darf sein, nichts ist verboten, Sie müssen nicht objektiv sein, nichts muss verdrängt werden. Falls Sie dabei müde werden, lassen

Sie die Müdigkeit zu. Falls Sie wach werden, beobachten Sie auch das, ohne es zu bewerten.

Ich bitte Sie, all das zuzulassen: Sie sollen nämlich innerlich blau machen!

Sie müssen nichts schaffen, müssen sich nicht durchsetzen, dürfen müde und einsam sein – genauso aufgedreht und von allen lebhaft beansprucht (was sich nicht ausschließt). Es gibt im Moment nichts zu schaffen. Sie sind nämlich eigentlich gar nicht da, befreien sich von allem, was sie erdrückt, indem sie aufhören, dagegen anzukämpfen. Ja, es darf sein, wie es ist, und Sie brauchen einen Moment nicht dagegen anzukämpfen.

Und nun – im zweiten Schritt – gönnen Sie sich bitte einen Kaffee oder was Sie gerne trinken, halten einen Schwatz an der Kaffeemaschine oder im Flur und reden mit den Leuten, mit denen Sie gerne reden. Sie tun so, als ob Sie Gast bei sich selbst wären. Wie fühlen Sie sich jetzt? Sie haben einen freien Tag, der Ihnen voll und ganz zur freien Verfügung steht. Leider können Sie nicht nach Hause, denn dann würde man sie vermissen. Sie dürfen schlicht da sein.

Auf einmal geschieht das Unfassbare: Wir erfahren den nächsten Schritt.

Ich weiß, was als Nächstes zu tun ist. Es gibt keine Abwägen mehr, es gibt kein Für und Wider, kein Richtig und kein Falsch, sondern ein „Ja, das ist der nächste Schritt". Dort ist die unendliche Ruhe, auf dem richtigen Weg zu sein, mit mir und meinem Selbst in Übereinstimmung zu leben. Auf dieser Ebene passiert kein Missgeschick oder das Setzen von falschen Prioritäten.

Der nächste Schritt ist der nächste Schritt ist der nächste Schritt ...

Diese Übung kann ich jeden Augenblick meines Lebens machen, ich erfahre den nächsten Schritt, und ich werde mich nicht mehr von mir selbst entfernen. Ich brauche keine langen Überlegungen und geschickten Strategien mehr, ich muss nicht mehr schlagfertig sein, keine Entscheidungen mehr erzwingen, nicht mehr effektiv sein, sondern bin einfach da.

Hier habe ich auch eine elementare Entscheidung getroffen: Ich habe mich nämlich entschieden, dem Leben nicht mehr hinterherzulaufen, sondern das Leben auf mich zukommen zu lassen, es durch mich hindurch wirken zu lassen.

Wenn ich dann auf einmal losrenne, weil ich weiß, was jetzt zu tun ist, wird es aus einer inneren Kraft, aus innerer Freude heraus geschehen, nicht mehr mit Anstrengung. Auf einmal habe ich wieder Zeit für das Leben, weil die wirklich akut und unmittelbar anstehende Aufgabe nur eine ist: der nächste Schritt. Mehr gibt es nie zu tun. Lassen Sie sich Zeit dabei, es andauernd zu erleben. Es ist wundervoll, Intelligenz, Weisheit und Liebe aus uns selbst heraus wahrzunehmen – sie sind und wirken, wenn wir es zulassen. Aus dieser Haltung heraus können wir nichts verpassen, werden alle anstehenden Aufgaben rechtzeitig fertig.

Der Unterschied ist, dass ich nicht mehr aus der Vergangenheit heraus lebe oder in der Zukunft („Warum ist das passiert, wie viel Zeit habe ich vertan, wie viel Lebenszeit habe ich verschenkt, ich muss fertig werden, es muss anders werden ...“), sondern dass die Zukunft aus dem jetzigen Moment heraus geschieht.

Die Zukunft entsteht im jetzigen Moment. Der jetzige Moment ist der Samen der Zukunft. Der Samen ist unser Bewusstsein. Unser Bewusstsein bestimmt die Zukunft. Somit ist die Zukunft Teil des jetzigen Moments. Gegenwart und Zukunft werden eins. Deshalb entsteht aus dem Leben im jetzigen Augenblick stets der nächste Schritt. Ich brauche ihn nicht mehr zu suchen, weil er sich von selbst zeigt, wenn ich ihn (den Moment und den Schritt) zulassen kann.

Im echten Vertrauen darauf und mit dem anschließenden Loslassen erfahren wir den nächsten Schritt.

Geführte Meditation:
Den nächsten Schritt erfahren

Ich sitze an meinem Arbeitsplatz, auch wenn ich mich nicht zurück-ziehen kann, auch wenn er nicht ruhig und abgeschieden ist. Ich ver-binde mich mit dem Stuhl, auf dem ich sitze. Ich spüre, ob sich meine Füße mit dem Boden verbinden. Ich sitze gerade, aber entspannt. Ich spüre dankbar in meinen Atem hinein.

Ich werde präsent und nehme ganz bewusst wahr, was um mich her-um und in mir geschieht.

Ich spüre in mich hinein.

Ich lasse ganz zu, was in mir vorgeht.

Ich lasse mein Wissen-Müssen zu.

Ich lasse mein Nichtwissen zu.

Ich lasse zu, dass mein Verstand schon wieder Lösungen produziert.

Ich lasse zu, dass ich keine Lösung habe.

Ich lasse zu, dass ich alles schaffen muss.

Ich lasse zu, dass ich nicht alles schaffen kann.

Ich lasse zu, dass ich gut sein muss.

Ich lasse zu, dass ich nicht gut bin.

Ich lasse zu, dass ich Angst habe.

Ich lasse zu, dass ich keine Angst habe.

Ich lasse zu, dass ich fertig werden möchte.

Ich lasse zu, dass ich nicht fertig werde.

Ich lasse zu, dass ich körperlich verspannt bin (wo?).

Ich lasse zu, dass ich mich nicht spüre.

Ich lasse zu, dass ich etwas tun muss.

Ich lasse zu, dass ich nichts tue.

Ich lasse zu, dass ich etwas anderes möchte.

Ich lasse zu, dass ich keine Lust habe.

Ich lasse meine Abneigungen zu.

Ich lasse meine Sehnsüchte zu.

Ich lasse mein Haben wollen zu.

Ich lasse mein nicht wollen zu.

Ich lasse meine Unruhe zu.

Ich lasse meine Lethargie zu.

Ich lasse zu, dass es schief geht.

Ich lasse zu, dass es klappt.

Ich bin einfach da.

Ich erfahre den nächsten Schritt.

Ich danke mir für die Zeit und Aufmerksamkeit, die ich mir schenke.
Ich danke mir dafür, dass ich mich zulasse.

Ich zähle bis drei. Bei drei kann ich meine Augen öffnen und darf mich räkeln und strecken.

Ich tue den nächsten Schritt.

Ich wiederhole die Meditation „Schritt für Schritt".

Häufige Erfahrungswerte

Hier kann man sehr schön sehen, dass es nicht darauf ankommt, nichts zu tun, sondern innerlich nichts zu tun, sich in Präsenz zu erleben – sich und der Welt zuzusehen, im Bewusstsein einer (manchmal schrittweisen) Lösung, wie man sie selbst nicht denken könnte. Das Bewusstsein ist offen für Erfahrung und unabhängig von der Begrenzung des Denkens und Fühlens aus der persönlichen Erfahrung, wie es der Verstand ist.

Deshalb ist es an dieser Stelle schwer, Beispiele aufzuführen, wie ich es im Kapitel „Ein Beispiel aus dem Büroalltag" versucht habe. Eine Geschichte im Nachhinein zu erzählen, trifft nicht den Punkt, da sie dann oft leicht mit dem Verstand nachvollziehbar ist. Aber Fakt ist auch, dass der Verstand es vorher nicht denken konnte, da ihm nur die Erfahrung der Vergangenheit und eine statische (das heißt lineare) Berechnung der Zukunft zur Verfügung steht.

Das, was jetzt zu tun ist, sieht im Außen manchmal sehr eilig aus, aber innerlich kann ich trotzdem ruhig und anteilnehmend sein.

Meine persönliche Erfahrung dabei ist häufig dieser Gedanke: „Wie hätte es anders sein sollen." Manchmal bin ich verwundert, wie leicht sich der nächste Schritt ergibt oder wie einfach die Lösung ist. Oft war sie schon da. Manchmal braucht man etwas Geduld.

Hier wird auch klar, dass durch bewusstes und aktives, verstandesmäßiges Streben keine dauerhafte Zufriedenheit möglich ist. Denn aus diesem Bewusstsein heraus habe ich mehr zu tun, je mehr ich löse. Aus jeder gelösten Aufgabe entstehen neue Aufgaben. Es ist eine

Illusion zu glauben, dass es geschafft ist, wenn ich das und das noch tue ... Unnötig zu sagen, dass es aus dieser Warte nie geschafft ist.

Ich kann sinnvoll auf der Ebene (meiner Plattform) bleiben, auf der ich mein Leben und meine Aufgabe als einen Prozess des Werdens und somit eine innere stabile Konstante erlebe. Auf der Metaebene wird die ständige Veränderung als Konstante erlebt. Hier geschieht die Wendung vom Erreichen zum Erfahren, vom reflektierten Handeln zur Bildung von Bewusstsein. Hier ist die Wegzweigung, ob ich erreichen und erklimmen will oder ob mein Leben fließen soll. Will ich ausprobieren oder erfahren?

Um mit dem täglichen Auf und Ab der Gedanken, Gefühle und Emotionen umzugehen, ist es häufig sehr hilfreich, eine Meditation im Alltag durchzuführen, die niemand bemerkt, für die ich mich nicht zurückziehe, sondern die ich unsichtbar in der wildesten Hektik machen kann.

Geführte Meditation: Präsenz im Alltag

Wo ich auch gerade bin, was ich auch gerade tue, auch wenn ich mich nicht zurückziehen kann, auch wenn es nicht ruhig und abgeschieden ist:

Ich verbinde mich mit dem Boden, auf dem ich stehe oder mit dem Stuhl, auf dem ich sitze. Ich spüre, ob sich meine Füße mit dem Boden verbinden. Ich sitze gerade, aber entspannt. Ich spüre dankbar in meinen Atem hinein. Ich öffne mein Bewusstsein.

Ich werde präsent und nehme ganz bewusst wahr, was um mich herum und in mir geschieht. Ich schaue meiner Welt und mir selbst zu. Ich bin die empathische Kamera, die durch meine Augen sieht. Ich bin der Vogel, der auf meiner Schulter sitzt. Alles darf sein, nichts ist tabu, nichts gilt es zu vermeiden oder zu erreichen. Ich beobachte meinen Atem.

Ich nehme alles um mich herum wahr, ohne es als gut oder schlecht zu bewerten. Ich nehme den äußeren und inneren Druck wahr, ich nehme Anspannung und Stimmungen wahr, auch von mir selbst. Ich beobachte die Menschen um mich herum und mich selbst in Liebe.

Ich nehme wahr, wie ich tue, wie ich denke, wie ich fühle, in Anteilnahme, ohne zu bewerten. Ich nehme meinen Atem wahr, meinen inneren und äußeren Zustand. Ich ändere nichts willentlich. Ich beobachte mich beim Tun. Ich lasse aus mir selbst heraus tun. Ich bin völlig präsent. Ich bin das Gefäß, aus dem es fließt und in das eingefüllt wird. Ich bin nur präsent. Ich brauche nichts zu ändern, ich schaue zu, wie es sich verändert.

Ich beobachte, was geschieht, ich nehme alles ganz an.

Ich rette nichts, es sei denn, es geschieht.

Ich löse nichts, es sei denn, es geschieht.

Ich vermeide nichts, es sei denn, es geschieht.

Ich verneine nichts, es sei denn, es geschieht.

Ich löse nichts, es sei denn, es geschieht.

Ich strenge mich nicht an, es sei denn, es geschieht.

Ich lasse zu, dass ich nicht weiß, es sei denn, es geschieht.

Ich werde mir klar, auf was ich vertraue.

Wenn ich nicht vertrauen kann, entscheide ich mich für Vertrauen.

Ich muss nicht wissen, was ich sagen soll.

Ich muss nicht wissen, was ich tun soll.

Ich nehme eine die Haltung ein, dass das Richtige geschieht, auch wenn ich nicht weiß, wie das aussehen soll.

Ich kehre zu meiner Beobachterposition zurück.

Ich bin dankbar, was auch geschieht.

(Für Fortgeschrittene: eine Sekundenmeditation zur Wiederholung: „DANKE" – für was und in welcher Situation es auch sei ..., ..., ...)

Häufige Erfahrungswerte

Achtsamkeit ist die Grundlage von allem, worauf es im Leben an-kommt. Während wir uns auf den Atem konzentrieren, werden Kör-per, Geist und Seele zusammengeführt wie die Fäden zu einem Seil.

In dieser Einheit können wir uns und unsere Umgebung nicht wertend (das bedeutet nicht wertfrei) beobachten, aus dieser Einheit heraus entstehen Lösungen. Endlich können wir weg von der reinen Verstan-desebene, auf der wir uns von uns selbst entfremden und wo doch wieder neue Fragen entstehen.

Es kommt nicht darauf an, alles richtig zu machen oder gleich der große „Meditierer" zu werden. Ich kann jedoch eine andere Richtung in meinem Leben einschlagen: Ich lasse das Leben geschehen und versuche nicht, es besser zu machen oder es aufzuhalten. Ich öffne mein Bewusstsein für das, was geschehen will. Das kann ich jeden

Tag, jede Stunde, jede Minute meines Lebens tun. Das ist der Königsweg, die eigentliche Lebensaufgabe, die über allem steht.

Der Rest entwickelt sich von selbst. Wenn wir etwas entdeckt haben und doch wieder mit dem Verstand fragen, wie das denn jetzt umzusetzen ist, beginnen wir wieder von vorn. Wenn der Verstand weiß, was nun zu tun ist, lassen wir auch das zu.

Meditative Betrachtung: Genug

Habe genug

Von dem ewigen Hoffen

Von dem ewigen Bangen

Von dem ewigen Nichtwissen

Von dem ewigen Zweifeln

Von dem ewigen Ängstlichsein

Von dem ewigen Abwägen

Von dem ewigen Sich-klein-Machen

Von dem ewigen Gut-sein-Müssen

Von dem ewigen Sich-mit-anderen-Vergleichen

Von dem angeblichen Nicht-wissen-Können

Von dem angeblichen Risiko des Tuns, was man will

Von dem angeblichen Diktat der Fakten und Zahlen

Es sind alles nur Konzepte

Zu meinen, das ich das Leben kontrollieren müsste

Zu meinen, das alles von mir abhinge

Zu meinen, das allein mein Tun über meinen Erfolg entscheidet

In Wahrheit

Wird in mir getan

Wird in mir entschieden

Wird in mir mein Weg gegangen

Ich bin nur das Instrument

Das sich bereit hält

Das sich innerlich leer macht

Je leerer ich bin

Umso reiner klingen die Saiten

Umso klarer ist das Ergebnis

Es passiert

Früher oder später

Mit oder ohne mich

Aber immer durch mich

Meditative Betrachtung: Mein Weg

Wenn ich denke: Ich finde meinen Weg nicht

Wandle ich längst auf ihm

Wenn ich mich frage: Wird das klappen?

Hat es längst geklappt

Wenn ich ein Bild von mir entwickle

Bin ich es gar nicht

Wenn ich mich schäme, etwas falsch gemacht zu haben

War es doch richtig

Wenn ich meine, versagt zu haben

Habe ich doch nicht versagt

Wenn ich traurig bin, weil es nicht funktioniert

Hat es längst funktioniert

Wenn ich stolz bin, etwas richtig gemacht zu haben

War es hinterher doch nicht richtig

Wenn ich denke, jetzt wird es leicht

Ist es auf eine andere Weise doch schwer

Wenn ich meine, jetzt habe ich es geschafft

Stelle ich fest, es war immer schon geschafft

Wenn ich feststelle, ich habe mich geändert

Bemerke ich, ich war immer schon da

Wenn ich sehe, dieses Mal habe ich wirklich geliebt

Stelle ich fest, wie sehr ich geliebt worden bin

Was ich ablehne, passiert

Und es ist eine große Hilfe für mich

Was ich heiß ersehne, bleibt aus

Oder ich begehre es nicht mehr

Es scheint so, eine Vorstellung von etwas zu haben

Ist immer falsch

Einen eigenen Willen zu haben

Führt nur in die Irre

Was passiert, ist weder gut noch schlecht

Weder nah noch fern

Weder schön noch hässlich

Es ist, wie es ist

Es ist einfach da

Und nicht anders

Mein Weg

Job to go

Lassen Sie einen Tag lang innerlich ganz zu, nicht zu wissen, was Sie tun sollen, nicht zu wissen, was Sie sagen sollen, und keine Antwort zu suchen. Erspüren Sie innerlich, welche Lösungen daraus entstehen: Erfahren Sie den nächsten Schritt.

7. Tag: Ruhen und neue Flugstrecken planen

Nun beginnt ein wirkliches Abenteuer: Wir geben nicht wie bisher Antworten auf Fragen, die wir nicht selbst gestellt haben, sondern stellen nun Fragen, auf die wir keine Antwort wissen.

Vielleicht lesen Sie Bücher, von deren Thematik Sie keine Ahnung haben oder Sie gehen zu Veranstaltungen, bei denen Sie normalerweise niemals auftauchen würden. Einzige Bedingung: Es darf keinem unmittelbaren Zweck dienen.

Es ist nicht mehr anstrengend, es ist wie Erholung und wir lassen es schlicht geschehen. Wie das praktisch funktioniert, erfahren wir in diesem Kapitel.

Aus uns selbst heraus, ohne vorgegebenes Ziel, geschieht das Wunder des Lebens: Wir finden zu uns selbst, als ob wir unseren ehemals besten Freund nach Jahren wiedertreffen würden. Es ist ein Gefühl des inneren Ankommens, des „Endlich-zuhause"-Seins. Mit diesem neuen Gefühl können wir unserer Familie, unserem Partner, unserem Beruf mehr dienen, als wenn wir krampfhaft alles zu geben versuchen und Ausflüchte suchen mit den Worten: Ich habe ja Familie, ich habe ja Verpflichtungen, ich kann nicht anders. Das fordert auch niemand wirklich von uns. Wenn es jemand täte, hätte er in unserem Leben nichts mehr verloren. Sind wir unserer Umgebung wirklich so ausgeliefert? Ich kann es nicht glauben.

Wir können in unserem Leben nicht alles erreichen und wir sind nicht perfekt, aber wir können alles, was zur Erfüllung unserer eigentlichen Aufgaben wichtig ist. Diese Aufgaben gilt es zu entdecken und zu erfüllen.

*„Wenn ihr aufhört, das Falsche zu tun,
geschieht das Richtige von selbst"*

F. M. Alexander

Wer ist eigentlich der Pilot in meinem Flugzeug?

Derjenige wird für seine Arbeit anerkannt oder gar in Anspruch genommen, der eine allgemein anerkannte Ausbildung nachweisen kann. Krankenkassen zahlen für Mediziner und lange ausgebildete Therapeuten, auf dem Arbeitsmarkt hat man oft mit möglichst genau passender Ausbildung und langjähriger Berufserfahrung eine Chance auf eine neue Stelle. Das hat auf der einen Seite sicher sein Gutes, da dadurch ein Grundstandard an Qualität gewährleistet ist.

Wenn ich mich jedoch auf die klassische Aus- und Fortbildung verlasse, wie viel es auch sei, werde ich ausgetretene Pfade betreten. Wer hauptsächlich auf das Gelehrte und Gelernte zurückgreift, wird zeitlebens andere fragen, was richtig und was falsch ist. Wer allein anerkennt, was auch tatsächlich bewiesen ist, gibt anderen eine unglaubliche Macht über sich und missachtet gleichzeitig seine eigene Erfahrung. Wer sich nur nach anerkannten Normen richtet, aus Angst, etwas falsch zu machen, wird keinen neuen Pfad entdecken.

Das geht so weit, dass Menschen, die ich berate, nicht den Mut haben, das zu tun, was sie spüren und für richtig halten, oder sich erst gar nicht zuhören, da sie meinen, nicht die nötige Kompetenz zu haben. Und so frage ich gestandene Menschen im Beruf bis auf höchster Ebene, ob sie nicht langsam von der inneren Haltung des Lehrlings und Zuschauers Abstand nehmen und zu ihrem eigenen Lehrer werden wollen. Zu einem Lehrer, der zu seiner Erfahrung steht und ihr folgt. Zu jemandem, der auf seine eigene Weisheit hört und sich selbst zulässt. Wir wissen meistens sehr genau, was gut und was schlecht für uns ist, was unsere eigentliche Aufgabe wäre und was nicht.

Dieses Wissen ist bereits in uns vorhanden. Unabhängig davon, ob ich es als Weisheit, Intuition, Unbewusstes, Unterbewusstes (kollektives oder individuelles) bezeichne, es ist da und wundert sich, dass es nicht angezapft wird. Dieses Wissen ist ein Tausendfaches von dem, was wir jemals lernen können. Und so geht es auch hier darum, auf welcher Ebene wir wissen wollen.

Natürlich kann ich mein Fahrrad nicht reparieren, wenn ich nicht gelernt habe, wie ein Werkzeug funktioniert. Wenn ich aber gelernt habe, wie mein Geist funktioniert, nämlich durch Öffnen (Zulassen) und Zuhören, dann lerne ich auf einer viel schnelleren Ebene: Wissen, das ich brauche, finde ich schneller („kommt auf mich zu"), alles andere erfahre ich in mir (intuitives Lernen).

Zur persönlichen Weiterentwicklung kann es sehr sinnvoll sein, sich einem persönlichen Lehrer anzuvertrauen und sich einige Zeit im Leben wirklich darauf einzulassen. Manch einer hat leider die Erfahrung gemacht, dass einige Lehrer (Eltern, Geschwister, Lehrer, Therapeuten, Seelsorger, Vorgesetzte ...) die wichtigste Lektion gerne auslassen: unbedingt auf das eigene Selbst zu vertrauen. Damit ist nicht gemeint, dass man alles kann, sondern dass der Weg in einem selbst ist. Ich habe noch keinen geistig und psychisch gesunden Menschen kennen gelernt, der dazu nicht fähig gewesen wäre. Und wenn man glaubt, das nicht zu können, dann ist das ganz bestimmt die nächste Lektion!

Und auch der Lehrer hat keine andere Funktion als sich selbst gegenüber dem Schüler vollkommen zurückzunehmen und darauf zu achten, was er dem Lernenden mitteilen will.

Das Bewusstsein des Menschseins entwickelt sich unaufhörlich weiter. Selbst wenn wir nur auf die großen Meister hören, werden wir damit nicht unser ganzes Potenzial ausschöpfen. Sogar diese Meister sind deshalb große Meister geworden, weil sie das Gehörte und Gelernte auf ihre eigene Art und Weise weiterentwickelt haben (weil es sich in ihnen weiterentwickelt hat). Also warum sollte auf einmal das Bewusstsein aufhören, sich weiterzuentwickeln, weil ein Meister eine hohe Anerkennung für das Geleistete auf seinem Gebiet (einen hohen Standard) erhalten hat?

Das schließt durchaus mit ein, dass ich in Kontakt mit den ehemaligen Lehrern meines Lebens bleibe und mich austausche, aber die Ebene wechselt irgendwann von der des ehemaligen Lehrers auf die des Beraters auf Augenhöhe, von der Ebene des Lernens auf die Ebene des Austauschens.

Unsere Wege und Antworten sind in uns, in jedem Einzelnen, und diese gilt es zu entdecken.

Job to go

Wollen Sie in Ihrem Leben Lehrling und Zuschauer bleiben? Werden Sie Ihr eigener Lehrer!

Reise ohne Entfernung: Bei sich selbst ankommen

Die Frage ist, welche Sicht wir in Zukunft auf die Dinge haben möchten. Wollen wir weiterhin auf altbewährte Weise unsere Probleme lösen und uns dabei gelegentlich bis ständig aufreiben? Wollen wir etwas verändern und unser Potenzial leben?

Es geht nicht darum zu glauben, sondern darum zu erfahren. Ich kann mein eigenes Leben selbst gestalten oder es erfahren. Aber warum soll ich meine Erfahrung nicht selbst gestalten? Wir leben in einer Realität, in der das Außen mit dem Innen zusammenhängt. Ich kann das Außen verändern, wenn ich mich traue, innen anders zu denken. Hier machen wir uns zum Werkzeug von etwas, das in uns wirken will. Die meisten von uns wollen in ihrem Leben etwas Besonderes schaffen und hinterlassen. Gleichzeitig hat wahrscheinlich jeder schon erfahren, dass er allein aus dem Wollen heraus keine Ergebnisse produziert, die ihn langfristig zufriedenstellen. Das Ego steht uns oft im Weg.

 Aber welche Funktion hat das Ego denn?

Das Ego und das Netzwerk sind miteinander verbunden wie die Welle mit dem Meer (Thich Nhat Hanh). Denn wenn ich Teil des Netzwerkes bin und mein Ego sich nicht allein gegen alle sieht, stehen mein Ego und meine tägliche Umgebung nicht im Widerspruch, sondern sind im Einklang miteinander.

Meine Einstellung entscheidet, ob ich mich zulasse und mir erlaube, aus mir selbst heraus zu leben. Die scheinbaren Widersprüche in mir und der Welt müssen nicht aufgehoben werden, sondern sie können zu einer Einheit zusammengeführt werden. Es ist wie bei einem Puzzle, in dem jedes „Einzel-Teil" ein einzelnes Teil des Ganzen ist.

Das geschieht, indem ich alles Widersprüchliche, Widerstrebende und Schmerzhafte zulasse, mir selbst zuhöre und zusehe, was ich sage und was ich tue. Hier können wir unser eigener Meister werden – und wir können sofort damit beginnen.

Grundsätzlich kommt die Schüchternheit, das eigene Leben zu leben, aus der Haltung der Sicherheit und Kontrolle und des „Alles-im-Griff-haben"-Wollens. Hier ist kein Vertrauen in das Leben begründet. Es kann sinnvoll sein, sich eine Zeit lang von jemandem begleiten zu lassen, der Erfahrung in solchen Dingen hat. Ein gutes Kriterium ist, ob der Begleiter weitgehend unabhängig ist und uns hilft, innerlich und äußerlich selbständig zu werden.

Gerade unsere größte Sehnsucht, die aus unserem tiefsten Inneren kommt, verbindet uns mit dem großen Ganzen. „Ich und die anderen", „meine Wünsche und die Realität" führt uns im Gegenteil zur

Einheit von beidem, wenn unsere Sehnsucht nicht von Gier angetrieben wird. Die Gier kommt vom Verstand, der eigentlich von nichts genug bekommen kann, weil er sich nicht im Netzwerk sieht, dessen Teil er ist und wo er aufgehoben ist. Sobald er Teil Netzwerks wird, verpufft die Gier.

Die große Sehnsucht wird uns niemals in die Katastrophe führen, solange wir ihr nicht auf Verstandesebene folgen. Der Verstand wird sie entweder ablehnen oder unmittelbar herbeiführen wollen. Um beides geht es nicht.

Es geht darum, sich der Sehnsucht bewusst zu werden, sie innerlich zuzulassen – und dann aus jeglicher Situation heraus den nächsten Schritt zu erfahren, einen Schritt Zukunft zu erleben, also nicht gezielt herbeizuführen. Mehr ist eigentlich nicht notwendig.

Manche spüren eine Sehnsucht, haben aber keine Vision für ihr Leben. Manchmal wird auch die Vision erst erfahren. Das braucht gar nicht bewusst zu erfolgen, sondern auch hier kann ich den nächsten Schritt zulassen in dem körperlichen und geistigen Bewusstsein, dass ich meinen Weg erkenne.

Ich kann nicht genug betonen, dass es nicht darum geht, auszusteigen und nach Australien zu fliegen (wie Anfang 2008 der Redakteur Thomas Koch im Westdeutschen Rundfunk in der Sendung „Redezeit – Neugier genügt" in Anspielung auf meine Auszeit von mir wissen wollte). Gerade wenn man in einer schwierigen Situation steckt, ist das häufig zunächst nicht der Zeitpunkt für Entscheidungen, die mit schwerwiegenden Konsequenzen verbunden sind. Und auszusteigen hat in aller Regel die Konsequenz, die bisherige Arbeitsstelle aufzugeben. Ich hatte eine Klientin, die sich von der Abteilungsleitung eines großen Konzerns zu einer Pferdetrainerin in den USA entwickelt hat (siehe Beispiel im Kapitel: In welcher Arbeitswelt leben wir eigentlich?).

Die meisten anderen Fälle sind weitaus weniger aufsehenerregend. Mitunter geht es darum, mit dem täglichen Wahnsinn anders umzugehen und die innere Orientierung wiederzufinden. Oft sind wir nicht weit entfernt von der Stelle, die uns entspricht. Bisweilen sind eine neue Sicht auf die Dinge und eine andere innere Haltung erforderlich, um uns von da aus, wo wir gerade sind, voll entfalten zu können. Manchmal reicht ein kleiner Schritt und wir sind da, wo wir eigentlich zeitlebens hin wollten.

> *„Jage nicht den äußeren Bedingungen nach,*
> *ebenso wenig verweile in der inneren Leere.*
> *Ruhe im Eins sein mit den Dingen*
> *und alle Schranken werden verschwinden.*
> *Sobald du „richtig" und „falsch" denkst,*
> *gerätst du in Verwirrung und verlierst*
> *deinen wahren Geist.*
> *Indem du alle Dinge gleichmütig betrachtest,*
> *wird es dir gelingen, zur Natur zurückzukehren.*
> *Indem du alle Bedingungen beseitigst,*
> *bist du jenseits aller Unterscheidung ..."*

Sengcan

Übung: Neue Wege sehen

Wir erkennen furchtlos die Situation, wie sie ist, nämlich, dass nicht alles zu schaffen ist, dass wir gar keine andere Möglichkeit haben, als das zu tun, was wir tun, dass wir keine Vision haben oder unsere Vision nicht umsetzbar ist: Wir kommen nicht raus aus dem Schlamassel.

Vielleicht fühlen wir uns auch chronisch unterfordert, lenken uns ständig ab und haben keine Idee, wie wir es besser machen könnten.

Der Unterschied, den wir in Zukunft machen können, ist Folgender: Wir überlegen nicht mehr, was wir alles tun sollten, bis wann und wie das erledigt sein soll, wir erzwingen auch keine Ideen und Entscheidungen mehr, sondern wir begeben uns auf die Metaebene.

Wir teilen unserem Verstand mit, was er denken soll. Er macht uns nämlich nur Vorschläge, die wir häufig unmittelbar als Tatsache werten Diese Vorschläge sind aber nur spannende Trailer, die oft mehr versprechen als sie halten. Wir entscheiden letztlich selbst, welchen Gedanken wir nachgehen. Weiterhin können wir mit unserem Verstand auch Dinge denken, die er uns noch nicht vorgeschlagen hat. Wir können z. B. auch denken, dass

- unsere Intuition in Zukunft Vorrang hat,
- er (der Verstand) manchmal den Mund halten soll,
- er der Controller ist, der den Überblick behält, aber nicht der Chef im Hause ist (was er mitunter meint),
- es vernünftiger (!) ist, alle persönlichen Fähigkeiten zu nutzen und nicht ihn allein, das also neben der Intuition noch tiefe Weisheit da ist, die wir gerne einladen möchten,
- er sich nicht gegen die Welt behaupten muss, sondern Teil eines großen Netzwerkes ist,
- er die ständigen Gedankenwiederholungen einstellen darf,
- er darauf vertrauen kann, dass das Richtige geschieht
- usw.

Mein Verstand muss die Lösung nicht selbst finden. Wir verbinden uns mit unserer inneren Führung. Z. B. kann das Folgendes sein:

- Ich mache mir bewusst, dass ich eine Lösung für die anstehenden Aufgaben bis zu einem bestimmten Zeitpunkt habe.
- Ich bilde ein Bewusstsein dafür, wie die Lösung für die Situation oder für mich aussehen soll.
- Die Lösung ist gewinnbringend für alle; es passiert „das Richtige" für alle Beteiligten
- Ich weiß, dass es aus mir heraus geschieht.

- Ich bilde ein Bewusstsein dafür, dass ich mich nicht verliere.
- Ich habe keine Angst, dass ich schlecht dastehe. Ich vertraue darauf, dass das Richtige geschieht.
- Ich strenge mich nicht willentlich an.
- Ich bewerte nicht, was andere sagen. Es ist weder gut noch schlecht und geht nicht gegen mich als Person. Wenn doch, höre ich allein die Sorgen meines Gegenübers heraus.
- Ich bin innerlich nicht auf mich allein gestellt (auch wenn ich es äußerlich selbst schaffen muss).
- Ich habe Verantwortung und vertraue mich dem Leben an.

Schreiben/malen Sie einmal alles auf, was Sie sich insgeheim wünschen, was Sie gerne werden und sein wollen und wie Sie leben möchten. Schreiben Sie es sich richtig von der Seele, sodass nichts mehr zurückbleibt. Dabei gibt es keine Grenzen, wie z. B. Ausbildung, Alter oder Familienstand. Einzige Bedingung: Es sollte sehr konkret sein. Unkonkret heißt z. B.: „Ich möchte gerne mit Menschen arbeiten." Konkret heißt z. B.: „Ich möchte gerne in meiner Fachrichtung Menschen unterrichten."

Diese Wünsche sollen nicht rational sein oder logisch Ihren bisherigen Werdegang fortführen. Sie müssen auch nicht Ihrer Ausbildung oder Ihrem Alter entsprechen. Ganz im Gegenteil muss nichts zueinander passen oder möglich sein. Alle Träume und Visionen dürfen und sollen geäußert werden. Geben Sie sich Raum dafür.

Vielleicht könnte man es auch als eine „positive Beichte" sehen, die endlich raus darf. Nachdem Sie sich hoffentlich viel Zeit genommen und mit Freude und bunten Stiften gemalt haben, verstecken Sie das Ganze. Lassen Sie es ganz los und denken Sie nicht mehr daran.

Und dann beobachten Sie sich dabei, ob die Lösung auf Sie zukommt und ob Sie Dinge tun, die zielführend sind für Ihre Aufgabenstellung, ob Menschen und Situationen in Ihr Leben treten, die Ihnen weiterhelfen. Erfahren Sie, was passiert und wie Sie darauf reagieren. Sie müssen nicht daran glauben. Erfahren Sie sich selbst.

Wenn es um kurzfristig zu erledigende Dinge ging oder um das Herbeiführung einer Entscheidung oder Lösung, können Sie im Grunde genauso verfahren.

Machen Sie sich bewusst, was bis wann erledigt ist. Und dann horchen Sie in sich hinein, was der nächste Schritt ist! Bitte erzwingen Sie keine Lösung, unabhängig von der Eile der Aufgabe. Wenn Sie dann später wissen, was zu tun ist, tun Sie es.

Es geht nicht immer darum, die große Entscheidung für sein Leben zu treffen. Aber es besteht kein Unterschied, ob ich eine einfache Wahl im Alltag treffe oder ob ich über meine Berufung entscheide.

Nach meinem Verständnis geht es nicht darum, mich zu entscheiden, ob ich links oder rechts abbiege, sondern darum, dass ich die Entscheidung zulasse. Suchen wird zu Entdecken. Das gilt auch für den Fall, dass weitere Fakten zu beschaffen sind. Ich gehe also von der Zukunft her an die Wegzweigung, nicht von der Vergangenheit.

Dazu eine geführte Meditation.

Geführte Meditation: Entscheidungen treffen

Ich setze mich zehn Minuten an einen Ort, an den ich mich zurückziehen kann, der ruhig und abgeschieden ist. Ich verbinde mich mit dem Stuhl, auf dem ich sitze. Ich spüre, ob sich meine Füße mit dem Boden verbinden. Ich sitze gerade, aber entspannt. Ich spüre dankbar in meinen Atem hinein.

Ich werde präsent und nehme ganz bewusst wahr, was um mich herum und in mir geschieht.

Ich werde mir der Notwendigkeit der Entscheidung bewusst.

Muss ich sie treffen oder will ich sie treffen?

Ich werde mir bewusst, ob und wie sehr die Entscheidung eilt.

Ich werde mir bewusst, ob ich die Entscheidung gerne oder ungern treffe.

Ich werde mir bewusst, ob ich die Entscheidung jetzt treffen kann oder nicht.

Ich lasse all das zu und spüre in es hinein.

Ich lasse mein Unwohlsein oder mein Wohlsein ganz zu.

Ich lasse meine Ruhe, meine Unruhe oder meine Lethargie ganz zu.

Ich spüre in den Schmerz hinein, nicht zu wissen oder nicht zu wollen, was zu tun ist.

Ich spüre in jede Stelle meines Körpers hinein.

Ich kann zulassen, nicht zu wissen, was ich tun soll.

Ich kann zulassen, nicht zu wissen, was ich sagen soll.

Ich kann zulassen, nicht zu wissen, wie ich agieren oder reagieren soll.

Ich bin da und lasse alles in mir zu.

Ich beobachte den Ozean der Gedanken, Gefühle und Emotionen und bleibe ganz bei mir.

Ich lasse es ganz zu und verdränge nichts.

Ich höre auf zu retten.

Ich höre auf zu wissen.

Ich höre auf, effektiv zu sein.

Ich höre auf, gut zu sein.

Ich höre auf zu verteidigen.

Ich höre auf, für alles verantwortlich zu sein (auch wenn ich die Verantwortung habe).

Ich vertraue darauf, dass das Richtige passiert.

Ich lasse innerlich ganz los.

Ich werde innerlich ganz leer.

Ich werde zur Plattform der Entscheidung.

Ich weiß, dass die Entscheidung schon da ist.

Ich weiß, was als Nächstes zu tun ist, um meiner Entscheidung näher zu kommen.

Ich danke mir für die Zeit und Aufmerksamkeit, die ich mir gebe. Ich danke mir dafür, dass ich mir die Zeit gebe, innere Führung zu erfahren.

Ich zähle bis drei. Bei drei kann ich meine Augen öffnen und darf mich räkeln und strecken.

Ich tue das Nächste.

Ich wiederhole die Meditation, bis die Entscheidung vollständig (meine) ist.

Häufige Erfahrungswerte

Manchmal wissen wir ganz genau, was jetzt zu tun ist, aber wir schützen uns mit dem Argument, das könne man ja nicht wissen, da so vieles nicht geklärt sei.

Die Antwort ist meistens schon vor der Frage da, die Lösung vor dem Problem – allerdings passt uns die Antwort nicht in jedem Fall: „Das geht ja gar nicht. Das kann man doch so nicht machen. Dann bricht ja alles zusammen."

Wir haben Angst, weil wir dem Leben nicht vertrauen und mit einem ständigen „ja, aber ..." durch die Welt gehen. An diesem Punkt kann es sein, dass wir wieder vom Weg abkommen.

Manchmal kommt es tatsächlich vor, dass wir gar keine Ahnung haben, was zu tun ist. In diesem Fall hilft uns die Meditation, den nächsten Schritt – und manchmal die große Lösung – in uns zu finden. Es ist, als würden wir ein Stück Zukunft in uns vorfinden, das in dem Augenblick zur Gegenwart wird, in dem wir es zulassen, statt uns anzustrengen und zu suchen.

Je mehr wir uns vor Problemen drücken, umso mehr werden sie uns aufgewärmt wieder aufgetischt. Auch dadurch kann eine Entscheidung wachsen.

Manchmal kommt es auch gar nicht so sehr darauf an, welche Entscheidung wir treffen, sondern darauf, dass wir eine Entscheidung treffen und zu ihr stehen.

Wenn einmal gar nichts mehr hilft und Sie sich im Kreis drehen, achten Sie einmal darauf, was sie gerade tun und mit welchen scheinbar unwichtigen Dingen Sie sich beschäftigen. Vielleicht spitzen Sie einen Bleistift, vielleicht surfen Sie im Internet, vielleicht machen Sie Feierabend: Seien Sie darauf gespannt, welche Lösung sich Ihnen auftut, aber unterbrechen Sie sich nicht bewusst in diesen scheinbar nicht zielführenden Tätigkeiten.

Nun folgt eine längere Meditation, die ich gerne „Meinen Weg finden" nenne. Sie führt die bisherigen Meditationen zu einer Einheit zusammen. Dabei geht es nicht immerzu um den großen Lebensweg, sondern genauso um die vielen kleinen täglichen Wege, Momente und Entscheidungen: Eigentlich geht es immer um den nächsten Schritt.

Geführte Meditation: Mein Weg

Ich setze mich 30 Minuten an einen Ort, an den ich mich zurückziehen kann, der ruhig und abgeschieden ist. Ich verbinde mich mit dem Stuhl, auf dem ich sitze. Ich spüre, ob sich meine Füße mit dem Boden verbinden. Ich sitze gerade, aber entspannt. Ich spüre dankbar in meinen Atem hinein.

Erkennen

Ich werde präsent und nehme ganz bewusst wahr, was um mich herum und in mir geschieht.

Wo ist mein Körper verspannt? Oder bin ich völlig entspannt?

Ich erspüre körperliche Verspannungen. Habe ich Kopf- oder Rückenschmerzen oder tun meine Beine weh? Ich gehe von oben nach unten:

Kopf und Augen

Hals und Nacken

Brust und Schulter

Arme und Hände

Bauch und Rücken

Unterleib und Gesäß

Oberschenkel und Knie

Unterschenkel und Füße

Ich spüre in meine Verspannungen hinein, lasse sie zu und fühle, wie sie sich nach und nach auflösen. Gelingt das gar nicht, kann ich auch das zulassen. Kann ich das nicht zulassen, lasse ich das Nichtzulassen zu.

Ich spüre nun in die entspannten Stellen meines Körpers und lasse zu, dass sich die Entspannung auf die verspannten Stellen ausbreitet.

Bin ich unruhig oder werde langsam innerlich ruhig?

Wie geht mein Atem? Geht er schnell oder langsam? Ist er tief oder flach?

Wenn er sich verändert, weil ich ihn beobachte, kann ich auch das zulassen.

Wenn ich eintame, kann ich innerlich „ein" sagen. Wenn ich ausatme, kann ich innerlich „aus" sagen. Ich spüre dankbar in meinen Atem hinein.

Nun beobachte ich meine Gedanken und lasse sie vorüberziehen wie Wolken am Himmel. Ich sehe, wie sie kommen, ich sehe, wie sie gehen oder bleiben. Ich halte sie nicht fest, ich versuche nicht, sie loszuwerden. Jedes Mal, wenn ein neuer Gedanke kommt, kann ich innerlich „Denken" sagen.

Annehmen

Ich spüre in den Stress des Tages, der Woche hinein und lasse mein Unwohlsein oder mein Wohlsein zu.

Ich kann meine unangenehmen und meine angenehmen Gefühle gleichermaßen zulassen. Ich brauche sie nicht zu verdrängen und halte sie nicht fest.

Wenn ich Angst habe, furchtsam bin oder mich starke Emotionen durchfluten, lasse ich es ganz zu: Versagensängste, die Furcht zu scheitern, tatsächliches Scheitern, Planungslosigkeit, Sinnlosigkeit, Zielverfehlung, Unglück, Schuld, Kontrolle – alle Gedanken und Gefühle sind erlaubt, alles darf sich äußern, nichts ist tabu. Ich schütze mich nicht mehr, versuche nichts zu verdrängen, verteidige mich nicht. Ich spüre meine Verkrampfungen, spüre, ob ich zerrissen bin, und spüre, ob ich innerlich leer oder übervoll bin.

Habe ich Angst vor einem Problem, einer Situation, einer Herausforderung? Empfinde ich Ausweglosigkeit, Zuspitzung, Stress? Fühle ich mich ein einer Krise, bin ich ausgebrannt, bekomme ich Angst und Panik? Empfinde ich gar nichts mehr? Bin ich ängstlich oder freudig? Bin ich müde oder voller Energie? Bin ich deprimiert oder aufgeregt? Empfinde ich Schmerz oder bin ich leicht? Empfinde ich Ausweglosigkeit oder Hoffnung? Bin ich traurig oder empfinde ich Freude?

Es darf so sein, wie es ist.

Nichts ist gut oder schlecht: Ich bewerte und verurteile nicht, sondern beobachte alles, was sich gerade äußert, und lasse es vorüberziehen. Ich lasse mich selbst ganz zu.

Ich verbinde mich mit dem, was ist. Ich nehme an, was ist, auch wenn es unannehmbar ist. Ich muss mich nicht verteidigen. Ich höre auf zu retten.

Ich verbinde mich mit dem Leben. Ich spüre, was um mich herum ist. Ich erlöse mich von dem, was eigentlich sein sollte. Ich fühle mich frei. Ich bin ganz bei mir. Ich sehe, dass alles vorhanden ist, was ich brauche. Ich bin vollständig.

Ich akzeptiere ganz die Situation und meinen Ist-Zustand: Ich nehme mich ganz an. Ich danke dem Leben, dass ich in ihm aufgehoben bin.

Vertrauen

Ich lasse meine Kontrolle für einen Moment ganz los.

Ich mache mir bewusst, auf was im Leben ich vertraue.

Ich lasse zu, dass sich bedingungsloses Vertrauen in mir bildet.

Wenn ich nicht vertrauen kann, tue ich so, als ob ich es könnte.

Ich kann zulassen, nicht zu wissen, was ich tun soll.

Ich lasse zu, dass das Richtige geschieht.

Ich höre auf, Fragen zu stellen.

Ich höre auf, Antworten zu suchen.

Ich höre auf zu lösen.

Ich höre auf zu leisten.

Ich höre auf, gut zu sein.

Ich muss nichts erreichen.

Ich muss nichts retten.

Ich werde ganz still und bin ganz bei mir.

Ich spüre in mich hinein, wie sich mein Vertrauen anfühlt.

Ich spüre, was das Vertrauen in mir bewirkt.

Ich vertraue ganz meinem Vertrauen.

Ich spüre, ob sich mein Schmerz auflöst.

Ich lasse meinen Schmerz im Vertrauen los.

Ich weiß, dass das Richtige geschieht.

Ich danke mir dafür, dass ich mir selbst eine Insel sein kann. Ich danke mir für die Zeit und Aufmerksamkeit, die ich mir gebe. Ich danke mir dafür, dass ich mich zulasse.

Bewusstsein

Ich verbinde mich mit meiner Energie.

Ich nehme eine Haltung dafür ein, in welcher Form der nächste Moment, der kommende Abend, der kommende Tag, wie mein Leben verlaufen soll.

Ich spüre in mein Anliegen hinein. Wie fühlt es sich an?

Ich bin bereit dafür, mein Bewusstsein für eine Lösung zu öffnen.

Ich suche mit dem Verstand keine Lösung.

Ich gehe bewusst in mein Nichtwissen hinein: „Ich muss es nicht wissen."

Ich lasse alle äußeren Zwänge zu und werde innerlich frei.

Wenn ich mich nicht frei fühle, kann ich auch das zulassen – und werde frei.

Ich öffne mich dafür, eine gute Lösung zu erhalten.

Ich suche keine Lösung, sondern höre in mich hinein.

Ich strenge mich nicht an, sondern lasse meine Anstrengung los.

Ich suche keine Entscheidung, sondern werde sie in mir vorfinden.

Ich lasse alle übrig gebliebenen und neu entstandenen angenehmen und unangenehmen Gedanken und Gefühle zu. Ich gehe vorbehaltlos in sie hinein und lasse zu, dass sie sich auflösen und Teil meiner Lösung werden.

Ich werde mir klar darüber, dass ich im Innen Anteil am Außen habe,

Ich suche keine Schuld im Außen und übernehme für alles Verantwortung, ohne schuldig zu sein.

Ich verzichte darauf zu analysieren und entscheide mich für Heilung.

Ich vertraue darauf, dass das Richtige geschieht.

Ich lasse mich selbst zu.

Ich danke mir dafür, dass ich mir selbst eine Insel sein kann. Ich danke mir für die Zeit und Aufmerksamkeit, die ich mir gebe. Ich danke mir dafür, dass ich mich zulasse.

Loslassen

Ich kann zulassen, nicht zu wissen, was ich tun soll.

Ich kann zulassen, nicht zu wissen, was ich sagen soll.

Ich konzentriere mich nicht auf das Ziel.

Ich mache mir keine Sorgen um die Zielerreichung.

Ich habe keine Angst vor Fehlern oder Misserfolg.

Ich kann Versagen und Negativität zulassen.

Ich lasse mein Nichtwissen ganz zu.

Ich fühle in mein Nichtwissen hinein – wie fühlt es sich an?

Ist es peinlich, leer, voll, schmerzhaft, befreiend?

Ist es dunkel, verspannt, deprimiert oder leicht und erhebend?

Ich fühle ganz hinein.

Ich lasse es ganz zu.

ich beobachte, was im Außen geschieht

und die Veränderung des Ist-Zustandes.

Das Objekt verändert sich durch den Betrachter.

Ich höre mir zu, was ich sage.

Ich sehe mir zu, was ich tue.

Ich bin eins mit dem Problem.

Ich bin eins mit der Lösung.

Mich gibt es im Augenblick gar nicht.

Ich bin dankbar.

<u>Vision</u>

Ich stelle mir einen Zeitpunkt in der Zukunft vor, zu dem meine jetzigen Fragen an das Leben schon gelebt und beantwortet sein werden.

Wo lebe ich? Was tue ich gerade? Welche Aufgabe habe ich? Wie sieht meine Umgebung aus? Wie hört sich meine Stimme an? Welche Personen sind in meinem Leben? Wie geht es mir?

Spreche ich gerade mit jemandem? Höre ich jemandem zu? Was sagt mir die Person? Wer ist es? Was erhoffe ich von ihr? Sagt sie etwas zu meinem Leben? Hat sie Fragen an mich?

Vielleicht gehe ich in einer kleinen und ganz ruhigen Seitenstraße an einem wundersamen Geschäft vorbei und entdecke im Schaufenster interessante Dinge über mein Leben. Was sehe ich? Zeigen mir die Dinge, wie ich gelebt und was ich gemacht habe? Werde ich neugierig und gehe in das Geschäft, um mehr über mich und mein Leben zu erfahren? Was finde ich dort vor? Ist jemand anwesend? Hat er mir etwas zu sagen? Was sagt er mir? Was geschieht? Nehme ich aus dem Geschäft etwas mit? Was ist es? Bekomme ich einen guten Rat?

Nun kehre ich zurück in die Gegenwart und erfahre, welche Bedeutung meine Reise in die Zukunft, wie sie auch aussieht oder wie bruchstückhaft sie auch sei, für meine jetzige Suche und Frage an das Leben hat.

Habe ich Vertrauen zu einer Person, die ich im realen Leben eventuell nicht (mehr) fragen kann oder möchte? Was würde sie mir sagen, wenn sie könnte? Welchen Rat hätte sie für mich?

Oder bin ich gedanklich vielleicht allein in einer Landschaft und höre der Natur zu? Was empfinde ich? Was höre ich? Höre ich vielleicht Antworten in mir selbst? Sagt mir die Natur etwas?

Vielleicht vertraue ich auf Gott oder das Leben. Welche Antwort werde ich erhalten, wenn ich still werde und es zulasse? Ist sie umfassend oder enthält sie einen Hinweis, was ich tun soll?

Vielleicht erkenne ich den nächsten Schritt, vielleicht habe ich die Idee für mein Leben, vielleicht habe ich Vertrauen und Geborgenheit erfahren und kann dem Leben innerlich zustimmen.

Ich bin mir bewusst, dass ich auf meine inneren Kräfte jederzeit zurückgreifen kann und dass ich mit dem Leben vernetzt bin.

Ich danke mir für die Zeit und Aufmerksamkeit, die ich mir schenke. Ich danke mir dafür, dass ich mich zulasse.

Ich zähle bis drei. Bei drei kann ich meine Augen öffnen und darf mich räkeln und strecken.

Häufige Erfahrungswerte

Hier kommt es nicht auf ein konkretes Ergebnis an. Häufig genug ist eine weiße Nebelwand da, die undurchdringlich ist. Vielmehr entsteht oft ein Gefühl von Geborgenheit, das unbewusst schon da war und einem nun das Gefühl gibt, auf dem richtigen Weg zu sein.

Oft sind wir bereits zielstrebig in eine Richtung gegangen, ohne es zu wissen, haben Fähigkeiten gesammelt, von denen wir keine Ahnung hatten, wofür wir sie brauchen würden. Vielleicht haben wir sogar schon viel ausprobiert und entdecken auf einmal, dass auch das zu unserem Weg gehört: Auf einmal wird die Sache rund, es ist alles in sich stimmig, auch wenn wir vielleicht noch nicht wissen, wo wir ankommen. Oder wir entdecken, dass alle Puzzleteile da sind und wir sie mutig zusammensetzen können. Oder wir erkennen, dass wir längst da sind.

Das ist das schönste Gefühl, das man haben kann: die ganze Zeit auf dem Weg (gewesen) zu sein, auf einmal macht jeder Zickzack-Kurs einen Sinn. Der kürzeste Weg verläuft bekanntermaßen selten gerade. Und doch haben wir ihn gefunden, weil wir uns auf den Weg gemacht haben. Dabei kam es offensichtlich gar nicht so sehr darauf an, was wir tun, sondern darauf, dass wir etwas ausprobieren. Der Rest hat sich von selbst ergeben, das Projekt ist von selbst rund geworden. Und mit „etwas machen" ist endgültig nicht mehr gemeint, wieder etwas zu leisten, wieder effektiv sein zu müssen. Sondern aus uns selbst heraus entwickeln wir eine Kreativität, wie wir sie bis dahin nicht kannten, alles Weitere wächst, wenn wir es lassen.

Meditative Betrachtung: Unlogisch

Bin so oft unlogisch

Tue Sachen, die nicht durchdacht sind

Weiß nicht, was der Tag bringen wird

Kaufe von dem einen zu viel

Habe von dem anderen zu wenig

Mache Dinge in der falschen Reihenfolge

Pflege nicht meine Freundschaften

Kann nicht von meinen schlechten Angewohnheiten lassen

Mache keine richtigen Fortschritte

Bin nicht mehr ehrgeizig

Bin nicht mehr ordentlich

Bin nicht mehr zielstrebig

Weiß häufig nicht, wie es weitergeht mit mir

Ob ich eines Tages in der Gosse lande?

Bin müde, wenn ich eigentlich etwas tun sollte

Bin fleißig, wenn kein Mensch arbeitet

Finde gut, was andere langweilig finden

Finde langweilig, was alle gut finden

Kann mich nicht mit dem abfinden, was andere das Leben nennen

Kann nicht erklären, warum ich was gerade tue

Denke unwirtschaftlich

Handle unwirtschaftlich

Und vermisse das rationale Leben

Es war so einfach

Nur dass es nicht stattfindet

Das Leben ist nicht rational

Es ist, wie es ist

Weder rational noch irrational

Wir können es nicht neben andere Leben legen

Und vergleichen

Am Ende stimmt doch alles

Nichts ist vergebens

Die Rechnung geht immer auf

Ist das nicht unlogisch?

Meditative Betrachtung: Es geht einfach los

Es geht los

Es geht einfach los

Bin einfach da

Brauche mich nicht zu sorgen

Brauche mich nicht zu ängstigen

Bin einfach präsent

Und lasse durch mich hindurch geschehen

Kann es endlich zulassen

Und es passiert

Das Leben nimmt mich mit

Und ich habe eine wichtige Funktion:

Es in mich hineinzulassen

Es aus mir herausfließen zu lassen

Ohne Widerstände

Ohne es zu bewerten

Nehme mir nichts mehr vor

Verplane nicht mehr meinen Tag

Habe keine Angst mehr vor den vielen Terminen

Habe keine Angst mehr vor keinen Terminen

Schaffe alles Notwendige

Lasse mich einfach fallen

Das ist manchmal sehr anstrengend

Und doch ist es auch sehr schön

Wenn man durch seine Unruhe und Angst hindurchgeht

Sieht, dass der Weg ganz geradlinig wird – rückblickend

Und sieht, dass das Richtige geschieht

Zum richtigen Zeitpunkt

Am richtigen Ort

Wenn ich es zulasse

Endlich geht es los

Eigentlich ging es schon immer los

> *„Der Wissende ist noch nicht so weit wie der Forschende,*
> *der Forschende ist noch nicht so weit*
> *wie der heiter Erkennende."*
>
> Laozi

Job to go

Öffnen Sie sich dafür, wie Sie den Rest Ihres Lebens leben und erleben wollen – und leben und erleben Sie es! Hören Sie sich selbst zu – und erfahren Sie, welche Antworten auf Sie zukommen!

Das kommt nicht nochmal, das gibt's nicht wieder: Wer ist mein Ego?

Statt einer langen Diskussion über das Ego und unser „Sein" im Netzwerk des Lebens hier ein Zitat aus der wissenschaftlichen Arbeit der Foundation for Global Community, die in der Flora der Stadt Köln im Sommer 2009 ausgestellt wurde und zum Nachdenken anregen kann:

„Was ist ein Individuum? Identität ist kein Objekt, sondern ein Prozess. Alles Leben auf der Erde ist durch gemeinsame Vorfahren miteinander verbunden. Jedes ,Individuum' (jeder Organismus) – Kühe, Käfer, Gänseblümchen, Mensch – ist in Wirklichkeit ein Konsortium transformierter und noch lebender anderer Lebewesen.

Mixotrichia paradoxa (,paradox zusammengewürfelte Haare'), wie sie in den Termiten leben, können vielleicht das fraktale, ineinander geschachtelte Netzwerk der Natur in etwa erklären.

Ein Termitennest funktioniert als Superorganismus. Jedes Nest ist ein ,Individuum', das aus Tausenden von Termiten mit spezialisierten und integrierten Rollen besteht. Eine ,individuelle' Termite besteht aus unzähligen Mikroorganismen, bis zu 10 hoch 12 (einer Billion) Bakterien und 10 hoch 7 (10 Millionen) Protisten.

Die mikrobiellen Lebewesen im Darm einer Termite (eine außergewöhnlich sauerstoffarme Behausungsnische für die Nachkommen uralter Mikroben) tragen zur Verdauung des Holzes bei, die diese Kaumaschine verzehrt hat.

Innerhalb dieser den Darm bildenden mikrobiellen Gemeinschaft lebt ein wunderschöner kleiner Protoktist, Mixotrichia genannt. Eigentlich ist er ein Konsortium verschiedener Lebewesen: eine kernhaltige Zelle, zwei Arten von Spirochätenbakterien, eine Stäbchenbakterie an der Oberfläche und im Innern lebende (endosymbiotische) Bakterien. Mixotrichia ist im Begriff, ein neues ‚Individuum' hervorzubringen."

Was gibt es dazu noch zu sagen? Alles Gute für Ihr Ego!

> Ja, also ich bin jetzt auch weg, neue Sachen ausprobieren ... äh mein Leben erfahren. Alles Gute und liebe Grüße! Karl.

Zu guter Letzt: Charlie Chaplin an seinem 70. Geburtstag

„Als ich mich selbst zu lieben begann,
habe ich verstanden, dass ich immer und bei jeder Gelegenheit,
zur richtigen Zeit am richtigen Ort bin
und dass alles, was geschieht, richtig ist –
von da an konnte ich ruhig sein.

*Heute weiß ich: Das nennt man **VERTRAUEN**.*

Als ich mich selbst zu lieben begann,
konnte ich erkennen, dass emotionaler Schmerz und Leid
nur Warnungen für mich sind, gegen meine eigene Wahrheit zu leben.
*Heute weiß ich: Das nennt man **AUTHENTISCH SEIN**.*

Als ich mich selbst zu lieben begann,
habe ich aufgehört, mich nach einem anderen Leben zu sehnen
und konnte sehen, dass alles um mich herum eine Aufforderung zum Wachsen war.
*Heute weiß ich, das nennt man **REIFE**.*

Als ich mich selbst zu lieben begann,
habe ich aufgehört, mich meiner freien Zeit zu berauben,
und ich habe aufgehört, weiter grandiose Projekte für
die Zukunft zu entwerfen.
Heute mache ich nur das,
was mir Spaß und Freude macht,
was ich liebe und was mein Herz zum Lachen bringt,
auf meine eigene Art und Weise und in meinem Tempo.
Heute weiß ich, das nennt man **EHRLICHKEIT**.

Als ich mich selbst zu lieben begann,
habe ich mich von allem befreit, was nicht gesund
für mich war,
von Speisen, Menschen, Dingen, Situationen
und von Allem, das mich immer wieder hinunterzog,
weg von mir selbst.
Anfangs nannte ich das ‚Gesunden Egoismus‘,
aber heute weiß ich, das ist **SELBSTLIEBE**.

Als ich mich selbst zu lieben begann,
habe ich aufgehört, immer recht haben zu wollen,
so habe ich mich weniger geirrt.
Heute habe ich erkannt: das nennt man **DEMUT**.

Als ich mich selbst zu lieben begann,
habe ich mich geweigert, weiter in der Vergangenheit
zu leben
und mich um meine Zukunft zu sorgen.
Jetzt lebe ich nur noch in diesem Augenblick,
wo ALLES stattfindet,
so lebe ich heute jeden Tag und nenne es
BEWUSSTHEIT.

Als ich mich zu lieben begann,
da erkannte ich, dass mich mein Denken
armselig und krank machen kann.
Als ich jedoch meine Herzenskräfte anforderte,
bekam der Verstand einen wichtigen Partner.
Diese Verbindung nenne ich heute
HERZENSWEISHEIT*.*

Wir brauchen uns nicht weiter vor Auseinandersetzungen,
Konflikten und Problemen mit uns selbst
und anderen fürchten,
denn sogar Sterne knallen manchmal aufeinander
und es entstehen neue Welten.
*Heute weiß ich: **DAS IST DAS LEBEN!**"*

16. April 1959

Der Autor

Gregor Wilbers, 1961 im Ruhrgebiet geboren, arbeitete nach dem Abschluss seines Studiums (Betriebswirtschaftslehre an Westfälischen Wilhelms-Universität, Münster) viele Jahre in großen Unternehmen aus verschiedenen Branchen als Portfolio- und Fondsmanager und baute in einem großen Konzern eine interne Bank auf. Er lebt seit 1995 in Köln und ist heute dort als Führungskräftecoach, Trainer, Dozent und Unternehmensberater tätig.

Die innere Spaltung von betriebswirtschaftlichem Denken und spiritueller Suche beschäftigte ihn lange Jahre, bis er entdeckte, dass es eine Verbindung von beidem gibt, eine Verbindung von logischem Denken und tiefer Intuition. Nicht nur die Arbeit an sich, sondern schon die Art zu arbeiten kann in eine sinnvolle Richtung führen.

Er ist Autor des Buches „Sinnfindung im Beruf" (2. Aufl. 2008) und hat eine CD „Berufliches Anti-Stress-Coaching" (2010) entwickelt und herausgegeben.

Seine beraterischen Schwerpunkte sind: Achtsamkeitsbasiertes Coaching, Führung und Selbstführung sowie Existenzgründung und Seminare zur Stressreduzierung und Burnout-Prophylaxe.

Kontakt und weitere Informationen

Institut Sinnfindung im Beruf

www. Sinnfindung-im-beruf.de

E-Mail: wilbers@sinnfindung-im-beruf.de

Unternehmensberatung auctificus

www.auctificus.de

E-Mail: wilbers@auctificus.de

Persönlichkeiten auf seinem Weg

Aristoteles, Teresa von Ávila, Charlotte Joko Beck, Hildegard von Bingen, Ken Blanchard, Sheldon Bowles, Buddha, Albert Camus, Pema Chödrön, Deepak Chopra, Andreas Ebert, Meister Eckhart, Theo Fischer, Erich Fromm, Mahatma Gandhi, Daniel Goleman, Tenzin Gyatzo (14. Dalai Lama), Steven Harrison, William Hart, Hermann Hesse, Willigis Jäger, Jesus, Carl Gustav Jung, Martin Luther King, Jack Kornfield, Martin Luther, Jacob Needleman, Novalis, Apostel Paulus, Platon, Rainer Maria Rilke, Sogyal Rinpoche, Geshe Michael Roach, Richard Rohr, Marshal B. Rosenberg, Saki F. Santorelli, C. Otto Scharmer, Seneca, Karl Schmied, Helen Schucman, Sengcan, Sokrates, David Steindl-Rast, John O. Stevens, William Tetford, Thich Nhat Hanh, Eckhart Tolle, Chögyam Trungpa, Ken Wilber, Jon Kabat Zinn und noch viele weitere.

„Sei verbunden mit dem, was du hast.
Erfreue dich daran, wie die Dinge sind.
Wenn du erkennst, dass nichts fehlt,
gehört dir die ganze Welt."

Lao Tsu